マルチフィジックス有限要素解析シリーズ 3

CAEアプリが水処理現場を変える

DXで実現する連携強化と技術伝承

著者：石森 洋行・藤村 侑・橋口 真宜・米 大海

近代科学社 Digital

刊行にあたって

　私共は 2001 年の創業以来 20 年間，我が国の科学技術と教育の発展に役立つ多重物理連成解析の普及および推進に努めてまいりました。

　このたび，次の節目である創業 25 周年に向けた活動といたしまして，新たに「マルチフィジックス有限要素解析シリーズ」を立ち上げました。私共と志を同じくする教育機関や企業でご活躍の諸先生方にご協力をお願いし，最先端の科学技術や教育に関するトピックをできるだけ分かりやすく解説していただくとともに，多様な分野においてマルチフィジックス解析ソフトウェア COMSOL Multiphysics がどのように利用されているかをご紹介いただくことにいたしました。

　本シリーズが読者諸氏の抱える諸課題を解決するきっかけやヒントを見出す一助となりますことを，心から願っております。

2022 年 7 月
計測エンジニアリングシステム株式会社
代表取締役
岡田　求

まえがき

　近年，データサイエンスという言葉をよく耳にします。コンピュータ性能の目覚ましい発展に伴い，スーパーコンピュータ等の専用機を用いなくても大量のデータを扱える時代になってきました。数値情報は当然のこと，非数値情報でさえも自然言語処理を用いればデジタル化が可能になり，多方面でデータの利活用が急速に進んでいます。熟練者が培ってきた経験やノウハウさえも，データとして引き継ぐことができる時代です。本書では，こうしたデータサイエンスを，コンピュータシミュレーション（モデル）と融合することで，新しい技術を創出し大きな変革につなげることができる可能性を，事例とともにお伝えできればと考えています。

　デジタルトランスフォーメーション (Digital Transformation; DX) は，大量のデジタルデータを AI（Artificial Intelligence, 人工知能）や IoT (Internet of Things) の技術に活かすことで，業務プロセスの改善，製品やサービス，ビジネスモデルそのものを変革するとともに，組織，企業文化，風土を改革し，競争上の優位を確立することを目指しています。本書では様々な産業活動による排水の処理について取り上げ，DX がもたらす効果を記述しました。

　第1章では，排水処理の一例として，廃棄物最終処分場を紹介しました。私たちが日常出しているゴミの処理過程を概説し，その処理残渣を最終的に埋立処分している廃棄物最終処分場に着目し，そこで発生する汚水とはどのようなものなのか，それを綺麗にするためにはどのような情報が必要でどのような課題があるのか述べました。

　汚水を綺麗にすることを水処理，そのための施設を水処理施設と呼びます。第2章では，水処理設計時に仕様を決めるために最も必要な情報である，対象とする汚水を具体的に数値化するための基礎理論を示しました。どの程度の処理容量が必要かを見積もるためには汚水の発生量を予測する必要があり，水処理でどのような操作（pH 調整，ばっ気，凝集沈殿など）を組み合わせるのかは汚水中に含まれる化学物質に左右されるので，その成分を予測する必要があります。廃棄物最終処分場で汚水が発生する過程を物理シミュレーションすることで，汚水の質や量を予測します。

第3章では，現場の情報をもとに物理シミュレーションをキャリブレーションするための考え方と取り組みを紹介しました。実際のところ，第2章で示した物理シミュレーションモデルのみでは正確な予測を得ることは難しく，現場における情報で補うことが必要です。その最も分かりやすい例は実測データです。廃棄物最終処分場，またはその後段にある水処理施設ではどこかのタイミングで汚水の水量や濃度を定期的に計測しています。その計測結果に合うようにモデルを検証し調整することでより正確な予測につながります。長期間累積したデータを収集し，様々な試行錯誤を行うことでモデルの正確性を増していきます。

　第4章で紹介するのは，現場で測定されたデータに基づき，最適な操作にフィードバックする取り組みです。水量や濃度等の実態に応じて水処理施設の各プロセスの運転条件をモデルによって見直し，処理性能を確保し，かつ薬剤の使用量や電力量等のランニングコストを低減します。正確な予測を実現するカギは，現場の情報をいかに効率良く吸い上げ，扱いやすい形に整えるかにあります。従来，実測データは性能確認や基準遵守の目的でしか利用されてきませんでしたが，上記のようにその数値をモデルに入力することで汚水濃度の将来予測をより正確なものにし，汚水の実態に合わせて水処理施設の稼働条件を最適化していくことが可能です。

　第5章および第6章では，こうした技術開発を進めるための手段について述べました。コンピュータシミュレーションやデータサイエンスを扱うに際し，従来ではプログラミングが必須でしたが，近年ではグラフィカルユーザーインターフェースによって手軽に開発を行うことができます。さらに個人だけでなく複数人で共有して進めることも可能になっています。その開発環境と具体的な操作手順を解説しました。また物理シミュレーションも，だれもが効果的に学習できるようになっています。物理や数学が苦手な方や人事異動で新しい部署で関わることになった技術者，また今後の活躍を秘めている若手にも，学習意欲を掻き立て，自分たちのアイデアを具現化するための一助となるよう執筆いたしました。

2023 年 8 月

著者一同

目次

第1章　廃棄物埋立処分の概要

第2章　廃棄物最終処分場からの浸出水予測

第3章　廃棄物最終処分場へのCAEアプリ展開例

第4章　水処理設計とその支援のためのCAEアプリ開発

第5章　CAEアプリによる人材育成

第6章　　GUIでできるCAEアプリ作成

第1章

廃棄物埋立処分の概要

　本書の導入部として，水処理に係る最も身近な話題である，私たちが日常出しているごみの最終処分を担う廃棄物最終処分場を概説し，その付帯設備である水処理施設の実情と課題，それを解決するための DX の可能性について述べます。

　水処理施設は，埋め立てられた廃棄物から発生した汚水を清浄にして公共水域に放流するという重要な役目を担っています。汚水をどのように綺麗にするのかは汚水の性質に左右され，それに応じて水処理施設の詳細が設計されています。ここでは，廃棄物最終処分場内の汚水にはどのような化学物質が含まれているのかを既往のレビュー論文に基づいて示すとともに，こうした汚水を清浄にするための水処理施設の中身はどのような構成になっているのかを紹介します。

　また水処理施設は，長期間にわたる常時運転が行われることから，入念な維持管理が求められます。水処理施設の修繕や更新の判断は，日常より計測している水質や水量，消費電力，または目視点検や異音等の情報に基づいて行われます。これらのデータは集めると膨大な量になりますが，近年の DX に倣いデジタル情報として蓄積することで，数値の時系列変化やテキスト情報の分析を行い，予知保全の点から維持管理の合理化につなげられる可能性があります。

1.1　廃棄物最終処分場における水処理

　私たちは，日常の生活のなかで必ずごみを出していると思いますが，ごみ箱に入ったその先はどうなるのでしょうか？　私たちは，地域によって定められた分別方法に従ってごみを出しています。燃やせるごみ，燃やせないごみ，粗大ごみ，古紙・古布，びん・かん，ペットボトル等です。分別されたごみは，有効利用できるものと有効利用が難しいものに分類するために，破砕・選別処理や選別・圧縮処理，焼却処理等のプロセスを経て，最終的には資源として再利用し，どうしても再利用できないものは廃棄物最終処分場という施設に運ばれて適切な管理のもとで埋立します。

　廃棄物最終処分場は埋立処分する場所にはあらかじめ遮水シート等を敷

設しており，その上に廃棄物が埋め立てられても，廃棄物中の汚濁物質や廃棄物から発生した汚水が外に漏れないような仕組みになっています。また遮水シート上に溜まる汚水は速やかに排水され，廃棄物最終処分場の一画に設けられた水処理施設に運ばれて，清浄な水にしてから近くの川や海へと放流されています。

　汚水に対して水処理を行うわけですが，廃棄物最終処分場で発生している汚水はどのような性質をもっているのかを把握し，それに合わせて水処理を設計する必要があります，まずは汚水に含まれる化学物質について表1.1～表1.3で紹介します。表1.1は，廃棄物最終処分場のうち陸上に建設された処分場に限り既往のレビュー論文を整理したものですが，pHと電気伝導率，全有機炭素量に注目してみましょう。

表 1.1　　陸上最終処分場から発生した浸出水の性質 [1-6]

水質項目	単位	日本		海外
		最大値	平均値	
pH	-	13.5	8.7	4.5-9
電気伝導率	mS/m	3,890	840	250-3,500
全有機炭素量	mg/L	440	189	30-29,000
ナトリウム	mg/L	5,900	1,830	70-7,700
カリウム	mg/L	1,900	577	50-3,700
カルシウム	mg/L	1,500	578	10-7,200
マグネシウム	mg/L	120	52.6	30-15,000
塩化物イオン	mg/L	10,800	3,810	150-4,500
硫酸イオン	mg/L	1,460	597	8-7,750
アンモニア性窒素	mg/L	558	235	50-2,200

注）既往のレビュー論文に基づく値

　表1.1から，pHと電気伝導率は日本の方が海外よりも高い傾向あり，逆に全有機炭素量は日本よりも海外の方が高いことが分かるかと思います。電気伝導率とは水の導電性を表す水質の指標のひとつであり，水中にイオンがどれくらい含まれているのかを簡易的に知ることができます。イオンとは水中で電離する化学物質であり，ナトリウムイオンやカルシウムイオンが代表的な物質です。そのため電気伝導率は水中に含まれる無機物

質量の目安としても用いられます。日本の浸出水の電気伝導率が高く全有機炭素量が少ないのは，埋立廃棄物が焼却物であるためです。

　廃棄物には私たちが日常食べている食料の残り物等が含まれていて，これらは炭水化物という名が示すように炭素量が多いものです。しかし，こうした廃棄物は埋立する前にあらかじめ焼却することで炭素分は燃え，二酸化炭素ガスとして放出されるので廃棄物中の有機物をほとんど無くすことができます。同時に焼却した廃棄物の体積は約 10 分の 1 まで縮小できるので，廃棄物最終処分場に持ち込まれる廃棄物量を大幅に削減することができます。ただ焼却によって体積は少なくなっても，その分，焼却後の廃棄物にはナトリウム等の無機物質が濃縮されるので電気伝導率は高くなります。なお日本の浸出水の pH が相対的に高いのは焼却の影響であり，焼却時に発生する酸性ガスを中和するために多量の石灰を入れて中和しており，その石灰が pH を高くしている要因のひとつとして考えられています。

　次に，表 1.2 と表 1.3 では浸出水における重金属等または有機化合物の濃度を示しています。これらは近隣住民の健康に悪影響を及ぼす恐れがあると考えられている化学物質であり，廃棄物最終処分場外に放流する前には適切な水処理を行い，濃度が基準値以下になるように清浄にする必要があります。このように，廃棄物最終処分場の浸出水には無機物質と有機物質が混在し，また成分も複雑に共存しているので，一筋縄ではいかず，個々の浸出水の特性を加味して水処理を設計しなければなりません。

表 1.2　陸上最終処分場から発生した浸出水中の重金属類 [1-6]

水質項目	単位	日本		海外
		最大値	平均値	
ヒ素	µg/L	108	22	10-1,000
カドミウム	µg/L	ND	ND	0.1-400
クロム	µg/L	290	84.5	20-1,500
コバルト	µg/L	8	6.8	5-1,500
銅	µg/L	158	42.1	5-10,000
鉛	µg/L	8.2	2.7	1-5,000
水銀	µg/L	ND	ND	0.05-1,600
ニッケル	µg/L	103	41	15-13,000
亜鉛	µg/L	226	67.6	30-1,000,000

注）既往のレビュー論文に基づく値

表 1.3　陸上最終処分場から発生した浸出水中の有機化合物 [1-6]

水質項目	単位	日本		海外
		最大値	平均値	
ベンゼン	µg/L	0.4	0.108	0.2-1,630
トルエン	µg/L	0.18	0.066	1.0-12,300
キシレン	µg/L	0.15	0.01	0.8-3,500
エチルベンゼン	µg/L	ND	ND	0.2-2,329
1,1,1-トリクロロエタン	µg/L	ND	ND	0.01-3,810
1,2-ジクロロエチレン	µg/L	ND	ND	1.5-7,052
1,4-ジオキサン	µg/L	1,100	31.7	不明
ビスフェノール A	µg/L	17,200	64.1	200-240
フタル酸ビス （2-エチルヘキシル）	µg/L	2.51	1.35	0.6-236

注）既往のレビュー論文に基づく値

　廃棄物最終処分場に用いられる水処理の例を図 1.1 に示します。水処理はいくつかのプロセスからなり，Ca 除去，生物処理，凝集沈殿，砂ろ過等の組み合わせによって構成されています。これらの組み合わせによって汚水中の有害な化学物質を決められた基準値以下までに除去させるのは必須の要件ですが，他にも長期にわたる維持管理やコスト等を勘考して決めなければならないので，個々の現場に応じた水処理の設計と採用可否の

判断が求められます。

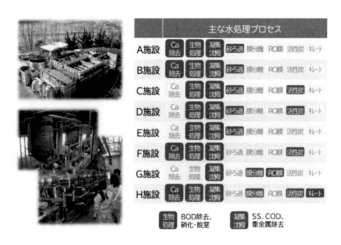

図 1.1　廃棄物最終処分場の水処理施設の例

　水処理施設の設計で特に必要となる情報は，処理対象となる汚水の流量と濃度です。とりわけ廃棄物最終処分場の場合では，汚水の流量や濃度は埋立廃棄物や埋立条件に左右されるので，操業前の設計時においてこれらの流量や濃度の目安を定めることは大変困難です。これまで，汚水の流量の評価には合理式（埋立区画に対して降った降水量のうち何割かが浸透水量になるという考え方）が広く用いられてきました。最終処分場の特徴や近年の豪雨等をどこまで精緻に考慮できているのかという課題はありますが，これまでの合理式を踏襲した場合の数値は算出することができます。

　しかしながら，濃度については経年による時間変化が顕著であることもあり，見積もるのが非常に困難です。他の最終処分場の浸出水濃度を引用して設計されるケースも見受けられますが，濃度は埋め立てている廃棄物の種類や埋立方法に左右されるので，他の最終処分場のデータを引用することの妥当性に疑問が生じます。また，昔の最終処分場では生ごみ等の有機物を多く含む廃棄物を埋めていたことに対して，現在では焼却灰主体の埋立となっています。さらには焼却灰主体の埋立でありながら，突発的な

災害によって生じた廃棄物を焼却しないまま埋立処分せざるを得ない状況も最近の激甚災害に相まって現れるようになりました。

このように，濃度にはさまざまな要因に左右されるという複雑さがあり，さらに時間依存性があることも考えると，浸出水の実態に応じた水処理の設計が良いと分かってはいても，安全を考慮して最高スペックの水処理施設を導入しがちなのです。

廃棄物最終処分場の実態に合わない水処理施設を導入すれば，イニシャルコストとランニングコストが高くなり経営を苦しめることになります。悪い場合には経営破綻につながることもあるでしょう。経営破綻の事例が多くなれば，廃棄物最終処分場を運営しようとする事業者は少なくなり，当該地域で発生する廃棄物は別の地域で処分する等の委託を行うことになります。結果的に，廃棄物処理・処分する能力に地域差が発生し，処分できない地域では不法投棄等の問題が生じる恐れが生まれてきます。このような問題を未然に防止するためには，最終処分場の将来を見据えながら計画的な経営が行えるような新しい考え方が必要なります。

なお，水処理については 4.1 節でも説明していますので参照してください。

1.2　DX の必要性

将来を見据えながらの運営のためには，将来予測が必要です。この場合，廃棄物最終処分場から発生する浸出水がどれくらいの量で，処理対象となる化学物質（人の健康または生活環境に与えるもの）がどのような濃度になるのかを事前に予想することになります。

自然現象の予測手段のひとつには，王道とも言える物理シミュレーションがあります。最終処分場からの浸出水濃度や水量の予測方法に係る学術的な考え方は，数値埋立工学モデルとして提唱された北海道大学の田中信壽先生らの研究 [7] から始まっています。提唱されてから現在までで約 30 年経過していますが，なかなか実務への展開が進んでいないのが実情です。

　物理シミュレーションでより正確な濃度予測を行おうとすると，自然現象のより緻密な表現が不可欠です。しかし，自然現象を表すためのモデルが往々にして複雑になるため，より正確に予測しようと考えるほど一部の専門家でしか扱えない代物となります。こうしたアプローチは学術としては重要ですが，実務面への展開を考えた場合，複雑なモデルは非専門家には扱いにくく導入までのハードルが高いので敬遠されがちです。特に本書で対象とする自然現象とは，廃棄物最終処分場から発生する浸出水の動態や，表 1.1〜表 1.3 に示すような複雑な化学組成をもつ液体に対する水処理ですので，その予測がいかに難しいものであるのかは察していただけるのではないでしょうか。

　なぜ予測が難しいのかを具体的に述べますと，最終処分場にはさまざまな種類の廃棄物を埋め立てており，このような不均質で不確実な場に対するモデル化はどこまで正確に表現できているのかを明らかにするのが難しいこと，またそのような場から発生した浸出水に対して化学的または生物学的な反応を与える水処理では，所要の反応を阻害するような因子が知らずと含まれている場合があり，それを設計の段階から予見するのは難しいこと，等が挙げられます。そして根本的な壁として，自然現象はモデルでは扱えない事象を多く含んでいる，ということが挙げられます。

　モデルは自然現象そのものを予測するものではなく，モデルという名が示すとおり自然現象を学術的な解釈が可能なように，自然現象を近似または平均化して表現していると言ってもよいでしょう。表現する過程の中で研究者やモデル開発者が未だ把握していない自然現象は必ず存在しますので，こうした事象は当然モデルには考慮されていません。そのため，その分だけ正確な予測ができなくなります。これらの事情により物理シミュレーションでは定性的な将来予測にとどまり，定量的な将来予測の実現までは至っていません。ゆえに，ほとんどの廃棄物最終処分場では効率的な経営が非常に難しいという課題に直面しています。

　このように，物理シミュレーションに基づくモデルのみでは正確な予測を得ることは難しいわけですが，それを補うのが現場における情報です。最も分かりやすいのは実測データです。廃棄物最終処分場，またはその後段にある水処理施設ではどこかのタイミングで浸出水の水量や濃度を定期

的に計測しています。その計測結果に合うようにモデルをキャリブレーションすることで，より正確な予測ができると考えられます。このような考え方に基づいて実測データを廃棄物最終処分場の浸出水の予測に役立てることや，他にも，計測されている水量や濃度等の実態に応じて，水処理施設の各プロセスの運転条件をモデルによって随時見直し，所要の処理性能を確保し，かつ薬剤の使用料や電力量等のランニングコストを低減することも期待できます。

　廃棄物最終処分場には，数十年以上にもわたる長い維持管理の中で蓄積してきた膨大なデータがあります。しかしこれらのデータは廃棄物最終処分場内にある付帯設備の性能確認や基準遵守の目的でしか利用されておらず，維持管理の見直しや学術への発展には活用がなされていませんでした。蓄積されたデータや情報量はあまりに膨大ですが，近年は DX 推進の動きがあるなかで紙媒体のデータや記録をデジタル情報に変換し分析するための技術が多く開発されており，その恩恵を大いに受けられます。今こそ廃棄物最終処分場内のカオスをこれまでに蓄積されたデータと情報をもって紐解き，制御可能な廃棄物最終処分場へと昇華できる時代を迎えているのはないでしょうか？

参考文献

[1] 国立環境研究所:『廃棄物埋立処分に起因する有害物質暴露量の評価手法に関する研究』，国立環境研究所特別研究報告 SR-28-'99 (1999). https://www.nies.go.jp/kanko/tokubetu/setsumei/sr-028-99b.html (2023 年 7 月 28 日参照)

[2] Yasuhara, A., Shiraishi, H., Nishikawa, M., Yamamoto, T., Uehiro, T., Nakasugi, O., Okumura, T., Kenmotsu, K., Fukui, H., Nagase, M., Ono, Y., Kawagoshi, Y., Baba, K. and Noma, Y.: Determination of Organic Components in Leachates from Hazardous Waste Disposal Sites in Japan by Gas Chromatography–Mass Spectrometry, *Journal of Chromatography A*, Vol.774, No.1, pp.321-332 (1997).

[3] 安原昭夫: 廃棄物処分場の浸出水に含まれる化学成分，『土木学会誌』，第 85 巻・第 1 号, pp.77-80 (2000).

[4] 行谷義治, 鈴木茂, 安原昭夫, 毛利紫乃, 山田正人, 井上雄三: 廃棄物埋立地浸出水および処理水中の無機成分, ジオキサン, フェノール類およびフタル酸エステル類の濃度, 『環境科学』, 第 12 号・第 4 巻, pp.817-827 (2002).

[5] Kjeldsen, P., Barlaz, M. A., Rooker, A. P., Baun, A., Ledin, A and Christensen, T. H.: Present and Long-Term Composition of MSW Landfill Leachate: A Review,

Critical Reviews in Environmental Science and Technology, Vol.32, No.4, pp.297-336 (2002).

[6] Zenker, M. J., Borden, R. C. and Barlaz, M. A.: Occurrence and Treatment of 1,4-Dioxane in Aqueous Environments, *Environmental Engineering Science*, Vol.20, No.5, pp.423-432 (2004).

[7] 田中信壽: 『数値埋立処分工学の開発-計算プロトタイプの構築』, 文部省科学研究費補助金基盤研究 (c) 研究成果報告書 (2002).
https://kaken.nii.ac.jp/ja/grant/KAKENHI-PROJECT-12650538/ (2023 年 7 月 28 日参照)

第2章

廃棄物最終処分場からの浸出水予測

　本章では，汚水の水質や水量の予測方法について説明します。

　汚水の水質や水量は水処理施設への負荷量を見積もるために重要なパラメータです。水処理施設の設計や維持管理を合理的に進める上で，予測は不可欠と言えるでしょう。本章で述べる方法は現在でも幅広く用いられている基本的な物質動態解析です。理論的な裏付けをもって水質や水量を予測します。ただし，理論はあくまで現象の一部を取り出して近似したものであり現場に適用できるとは限りません。理論が適用できる限界を理解しておくことが肝要です。

　物質動態解析では，環境中に存在する流体とその中に含まれる化学物質について質量保存則を適用し，微分方程式の形によって表現します。得られた微分方程式に適切な初期条件と境界条件を与えて積分することで，流体の流れ場や化学物質の濃度分布を求めることができます。微分方程式の積分は簡単な条件であれば数学的な手続きを通じて理論解を求められる場合がありますが，理論解が存在しないような複雑な条件ではコンピュータによって数値解を求めることになります。ここでは廃棄物最終処分場からの汚水の水量と水質を将来予測することを例題として取り上げ，理論解または数値解を得るまでの手順を解説します。

2.1　海面処分場の仕組み

　先に述べたように，本章では廃棄物最終処分場から発生する浸出水の濃度を計算によって予測する方法とその課題について述べます。ここで例題とする廃棄物最終処分場は海面処分場とします。海面処分場は東京や大阪等の都市圏に見られる処分場のひとつで，陸上に処分場を建設するための広大な面積が確保できない場合に，海面に閉鎖された埋立区画を造成しそこに廃棄物を埋める方式です。こうした海面処分場は全国に約 75 か所存在すると言われています [1]。

　図 2.1 は海面処分場の上空写真です [2]。写真中央部にある陸地はすでに廃棄物で埋立完了した区画です。一方で写真下部にある陸地化していない部分は，えんてい堰堤で囲まれた区画になっていることが分かります。

この堰堤で囲まれた区画にこれから搬入される廃棄物を投入していきます。廃棄物を入れることで、この区画にもともと存在していた海水があふれ出し処分場外に流出する可能性があるため、廃棄物を埋立しながら余剰水を排水するための排水管も同時に埋設していきます。埋立区画内に設置した排水管から出てくる浸出水には海水のみならず、廃棄物との接触によって溶出した汚濁物質を含むため、これらは処分場の一画に設けられた水処理施設に送水して清浄な水に還元した後、処分場の外に放流します（詳しい構造は参考文献 [2] のパンフレットをご覧ください）。

図 2.1 　海面処分場の上空写真 [2]

さて、こうした海面処分場の水処理施設に流れ込む浸出水の濃度を計算予測する手法について考えていきましょう。

2.2　基礎方程式

　基礎方程式（モデル）とは，自然現象のなかで着目した物理現象を，微分方程式によって表現したものです。特に注意しておきたい点は，モデルとは自然現象そのものを再現しようとするためのものではなく，あくまで自分たちが解明したい自然現象の一部を切り出している「近似したかたち」に過ぎないということです。モデル開発では精度や一般性に係る問合せが多く発生しますが，モデルは自然現象そのものではなく，その一部分のみを扱いそれ以外は捨象されている (Abstraction) のが前提であることを忘れてはなりません。したがって，Abstraction 済みモデルについて，その精度を実現象の実測データと比較して合ったか合わなかったかの議論を展開しても意味がありません。実測データと比較してモデルとの差異が認められた場合にこそ，その原因には捨象した物理現象が実は重要でありモデルに反映すべき事象であった，ということが分かることもあります。モデルはこうした試行錯誤の繰り返しによって開発が進んでいきます。

　本章では浸出水の濃度を予測したいために，着目する物理現象として (1) 廃棄物埋立層内に水が浸透し，(2) その流れに沿って汚濁物質が輸送され，(3) 埋立廃棄物からは汚濁物質が溶け出すことを扱います。それぞれは，浸透流，移流分散，および溶出と呼ばれる現象であり，すでに代表的なモデルが開発されています [3-5]。ここでは既存モデルを準用することにします。

2.2.1　浸透流方程式

　水は，土壌や廃棄物等埋立層内でその媒体の間隙を縫うように流れます。このような現象を起こす媒体を多孔質媒体と呼びます。多孔質媒体中での水の流れでは，エネルギーの高い方から低い方へと流れるという考え方を準用し，次のダルシーの法則で表現します。

$$u = -k \cdot \nabla H \tag{2.1}$$

ここで，u：多孔質媒体を流れる流速 (m/s)，k：透水係数 (m/s)，H：全水頭 (m) を表します。全水頭は流れの駆動力となる全エネルギーに相当

し，多孔質媒体では以下のように与えられます。

$$H = \frac{p}{\rho g} + z \tag{2.2}$$

p：間隙水圧 (Pa)，ρ：水の密度 (=1000 kg/m^3)，g：重力加速度 (=9.8 m/s^2)，z：任意地点における基準面からの高さ (m) です。式 (2.2) の右辺第 1 項は圧力水頭，第 2 項は位置水頭と呼ばれています。なお，運動エネルギーに関する速度水頭 ($= u^2/2g$) が存在しないのは，多孔質媒体中を流れる流速小さく，その二乗で与えられる速度水頭は無視できるためです。図 2.2 に，ダルシーの法則によってどのように多孔質媒体中の流速を求めるのかをポンチ絵として用意しましたのでご参考にしてください。

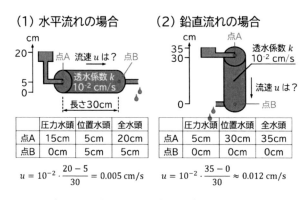

図 2.2　ダルシーの法則を用いた多孔質媒体中の平均流速の求め方

式 (2.2) を式 (2.1) に代入すると，次式が導かれます。

$$u = -\frac{k_r K}{\mu} \left(\nabla p + \rho g \nabla z \right) \tag{2.3}$$

ここで，μ：水の粘性係数 (=0.001 Pa·s)，k_r：透水係数比，K：固有透過度 (m^2) を表します。多孔質媒体内の間隙が水で満たされたとき透水性は最も高くなり，その値を 1 と置けば不飽和時における透水性を 1 以下の数値で表現できます。この 1 以下の数値を透水係数比と呼び，多孔質体の物理的構造そのものに起因する流れやすさである固有透過度に乗じることで

透水係数に紐づけることができます。すなわち

$$k_r K = \frac{\mu}{\rho g} k \tag{2.4}$$

の関係があります。いわば透水係数とは多孔質の物理的構造のみならず透水性に係る水の密度や粘性の影響を含めた実験的に求められる比例定数であり，そこから間隙の物理的構造のみの影響を取り出したものが固有透過度と言えるでしょう。

　さて，次に基礎方程式を導きます。基礎方程式の導き方は決まっており，解析対象とする空間の一要素（微小要素，コントロールボリュームと呼びます）に着目し，そこでの質量保存則，運動量保存則，エネルギー保存則を考えます。このうち，質量保存則はいかなる物理シミュレーションでも必須のものです。力の釣り合いの問題等において，質量保存則を考えたことがないという読者もいらっしゃるかと思いますが，それは対象とする物理現象のなかで質量保存則が成り立つことは自明であるときであり，暗黙のうちに質量保存則は考慮されていることでしょう。一方，運動量保存則とエネルギー保存則はオプションで使用していきます。例えば運動量保存則とは運動方程式であり，運動量の時間変化が外力に等しいことから定式化し，外力に係る物理現象を解く際に利用します。本書の場合では外力は扱わず，多孔質媒体中の水の浸透問題を扱うことから質量保存則のみで基礎方程式を導くことができます。

　図 2.3 のような多孔質媒体中の微小要素を考え，そこに出入りする水の質量収支を考えると次式が成立します。

$$(\text{一次元流れの場合}) \Delta x A \frac{\partial \rho \theta}{\partial t} = \rho u(x) A - \rho u(x + \Delta x) A \tag{2.5}$$

右辺第 1 項は，微小要素左面から流入する水の質量です。流速 $u(x)$ について，それに垂直な面積 A を乗ずることで流量になり，さらに水の密度 ρ を掛けることで単位時間あたりに流入する水の質量を計算しています。右辺第 2 項は微小要素右面から流出する水の質量です。流速 u が空間的に変化することを考慮して，微小要素右面における流速を $u(x + \Delta x)$ と表現しています。残す左辺は，微小要素内で，単位時間あたりの水の質量変

化があった場合を定式化したものです。多孔質媒体の体積含水率を θ とすると，その時間変化率は $\partial\theta/\partial t$ と表現できるので，それに微小要素の体積 $\Delta x A$ を乗ずることで水分量の時間変化率となります。さらに水の密度 ρ を掛けることで微小要素内にある水の質量の時間変化率を計算しています。

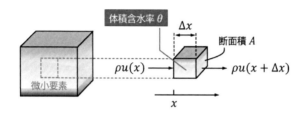

図2.3　多孔質媒体中の微小要素における水の質量収支

式 (2.5) において水を非圧縮性と仮定すると，両辺を $\Delta x A \rho$ で除すことができるので

$$（一次元流れの場合）\frac{\partial\theta}{\partial t} = \frac{u(x) - u(x + \Delta x)}{\Delta x} = -\frac{\partial u}{\partial x} \tag{2.6}$$

となり，これが多孔質媒体における水の浸透を表す基礎方程式（Richard の式）です。ここで式 (2.3) に示す多孔質媒体内の流速を代入すると，

$$\frac{\partial\theta}{\partial t} = \nabla \cdot \left[\frac{k_r K}{\mu} \left(\nabla p + \rho g \nabla z \right) \right] \tag{2.7}$$

と表せます。しかし，この表記上では方程式 1 つに対して未知数が p，k_r，θ の 3 つなので解くことはできません。解くためには，未知変数を 1 つにする必要があり，以下で示す van Genuchten [6] の提唱モデルに基づき体積含水率 θ を間隙水圧 p で表現し，また透水係数比 k_r を体積含水率 θ で表現する必要があります。

van Genuchten [6] は体積含水率と透水係数比を次式でモデル化しています。ここで，体積含水率と間隙水圧の関係を水分特性曲線（図2.4）と呼び式 (2.8) で表し，透水係数比と体積含水率の関係を不飽和浸透特性曲線（図2.5）と呼び式 (2.9) で表します。

$$S_e \equiv \frac{\theta - \theta_r}{\theta_s - \theta_r} = \left[1 + \left(\alpha \left| p \right|^n \right) \right]^{-m} \tag{2.8}$$

$$k_r = S_e^{1/2} \left[1 - \left(1 - S_e^{\frac{1}{m}} \right)^m \right]^2 \tag{2.9}$$

ここで, S_e：有効飽和度, θ_r：水分残留状態にある体積含水率, θ_s：飽和時の体積含水率, α：空気侵入圧の逆数に相当するフィッティングパラメータ (1/Pa), n：水分特性曲線の傾きを与えるフィッティングパラメータです。これらのフィッティングパラメータを以下 VG パラメータ α (空気侵入圧の逆数に係るパラメータ) および VG パラメータ n (水分特性曲線の傾きに係るパラメータ) と記すこととします。なお, $m = 1 - 1/n$ の関係があります。また体積含水率と飽和度には $S = \phi\theta$ となる関係があり, ϕ：間隙率, S：飽和度を表します。

式 (2.7) 中の体積含水率が間隙水圧の関数で与えられること, また透水係数比が体積含水率の関数で与えられることから以下のように変形できるので, 未知数を間隙水圧 p のみとした式 (2.10) を得ることができます。

$$\frac{\partial \theta (p)}{\partial p} \frac{\partial p}{\partial t} = \nabla \cdot \left[\frac{k_r (\theta) K}{\mu} \left(\nabla p + \rho g \nabla z \right) \right] \tag{2.10}$$

この変形により方程式 1 つに対して未知数は 1 つになりますので, 初期条件と境界条件を与えることで式 (2.10) を解くことができます。この式 (2.10) を浸透流方程式と呼びます。浸透流方程式とは多孔質媒体内の水の流れを数式によって表した数理モデルであり, このように物理現象を記述した方程式のことを基礎方程式と呼びます。

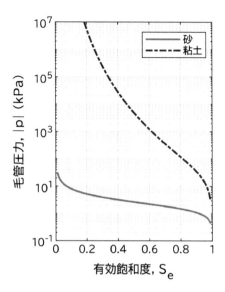

図 2.4　水分特性曲線の例

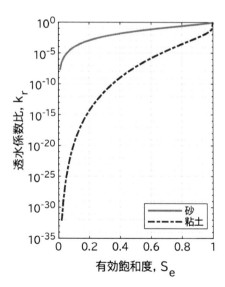

図 2.5　不飽和浸透特性曲線の例

2.2.2　移流分散方程式

　移流分散方程式とは，水に溶けた化学物質の動きを表現するための基礎
方程式です。似たものとして移流拡散方程式がありますがこれとは別物で
あり，移流分散方程式では多孔質媒体内の輸送問題において特有な分散現
象を考慮しています。等方的に化学物質が広がる拡散現象のみならず，多
孔質媒体では流れ方向に化学物質が広がりやすいという分散現象も移流分
散方程式の中に組み込まれています。図 2.6 は染料を土中に流したときの
様子で，水の流れに沿って染料が広がっていることが分かります。

図 2.6　土中水の流れに沿って輸送される染料

　移流分散方程式の導き方は，浸透流方程式と同様に，質量保存則から出
発します。図 2.7 のような多孔質媒体中の微小要素を考え，そこに出入り
する化学物質の質量収支を考えると次式が成立します。

$$（一次元輸送の場合）\Delta x A \theta \frac{\partial c}{\partial t} = F(x)A - F(x + \Delta x)A \qquad (2.11)$$

ここで，c：間隙水中に溶け込んだ化学物質の濃度 (mol/m^3)，F：単位時
間，単位面積あたりの化学物質のフラックス $(mol/m^2/s)$ を表します。
右辺第 1 項は，微小要素左面から流入する化学物質の質量であり，フラッ
クス $F(x)$ に，それに垂直な面積 A を乗ずることで輸送速度を求めていま
す。浸透流方程式の導出時と同様に，右辺第 2 項も微小要素右面における
フラックスを $F(x + \Delta x)$ と表現し輸送速度を計算しています。左辺は微
小要素内で単位時間あたりの化学物質の質量変化があった場合を定式化し
たものであり，多孔質媒体の間隙中に存在する液体の化学物質濃度を c
とするとその時間変化率は $\partial c / \partial t$ と表現できるので，それに間隙水の体

積 $\Delta x A \theta$ を乗ずることで化学物質の質量の時間変化率となります。したがって，式 (2.11) の両辺を $\Delta x A$ で除すと，次の微分方程式に整理されます。

$$（一次元輸送の場合）\theta \frac{\partial c}{\partial t} = -\frac{\partial F}{\partial x} \tag{2.12}$$

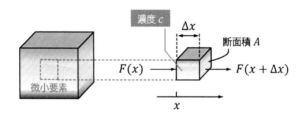

図 2.7　多孔質媒体中の微小要素における化学物質の質量収支

次にフラックス F をどのように定式化するのかを考えてみましょう。フラックスとは化学物質の輸送量のことであり，水中に溶けた化学物質は，移流と分散，および拡散によって輸送されます。移流とは水の流れに沿って輸送する現象であり，その輸送量は

$$（一次元輸送の場合）F_{adv} = uc \tag{2.13}$$

として計算でき，ここで F_{adv}：移流による化学物質の輸送量 $(\mathrm{mol/m^2/s})$ を表します。

分散とは多孔質媒体特有の現象のひとつです。図 2.6 に示すように，染料注入直後では染料は同心円状に分布していますが，時間が経過し染料が水の流れに沿って輸送されると，次第に流れ方向を長辺とする楕円状に分布が変化していることが分かります。このように流れ方向の流速に先行して染料が広がることを分散と呼び，図 2.8 に示す要因により引き起こされると考えられています。ここで，図中の A_1 と A_2 は間隙径 (m) であり，v_1 と v_2 は間隙内流速 (m/s) を表します。

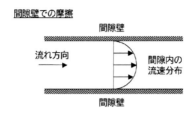

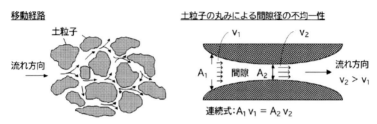

図 2.8　分散を引き起こす主な要因 [7]

　　ここでは，間隙壁での摩擦，移動経路，および土粒子の丸みによる間隙
径の不均一性の影響について説明します。まず，間隙壁での摩擦について
考えます。間隙径の流速分布は中心部で最も速くなり間隙壁でゼロとなる
ことが知られています。これは間隙壁表面上では摩擦が働くためであると
考えられています。こうした流速分布をもつ間隙径内に染料を置いた場
合，間隙径中心部にある染料は単位時間あたり最も遠くに輸送されます
が，逆に間隙壁に近い染料ほど流速が遅くなるため輸送距離が短くなりま
す。流速分布が生じることで単位時間あたりの染料の輸送距離が異なるた
め，濃度分布に濃淡が発生します。

　　次に，移動経路の影響です。これは上流側のある一点から染料を注入し
たとしても，その後染料は間隙を縫うように移動するため，移動経路が異
なれば単位時間あたりの輸送距離も異なり，濃度分布に濃淡が発生すると
いうものです。流下方向に直線的に最短の経路を選択した染料は単位時間
あたりの輸送距離は長くなりますし，逆に迂回するような経路を選択した
染料は単位時間あたりに流下方向に進む距離は短くなりますが，その分流
下直角方向にも移動するので染料は流れに対して横方向にも広がり得るこ

とが分かります。

　最後に土粒子の丸みによる間隙径の不均一性について説明します。間隙径の大きい流路では流れが遅く，間隙径が小さい流路では流れが速いことが連続式（図 2.8 に記載のある $A_1 v_1 = A_2 v_2$）から分かります。同一の流路上にあっても，各断面 1 と 2 での間隙径が異なれば流速も異なりますので，間隙径が広く流速が小さい部分では単位時間当たりの染料の輸送距離は短く，逆に間隙径が狭く流速が大きい部分では輸送距離は長くなります。したがって，一次元的な流れであり，たとえ流量またはみかけの平均流速が一定であっても，多孔質媒体の間隙径の不均質性は流下方向に染料の濃淡を引き起こす要因となります。

　以上が多孔質媒体中で分散現象が生じる理由です。最も重要なことは，これらは流速があって初めて生じる現象という点です。つまり分散には流速依存性があり，分散による化学物質の輸送量は，

$$（一次元輸送の場合）F_{dis} = -\theta \alpha_L v \frac{\partial c}{\partial x} \tag{2.14}$$

として与えられます。ここで，α_L：縦分散長 (m), v：間隙内流速 (m/s) です。このように分散による輸送量は流速に比例し，流速がゼロの場合では分散は生じないことが分かります。なお，ここで間隙内流速 v はダルシーの法則で求めた平均流速 u を体積含水率 θ で除したものです。平均流速 u と間隙内流速 v の違いを概念図化したものを図 2.9 に示します。

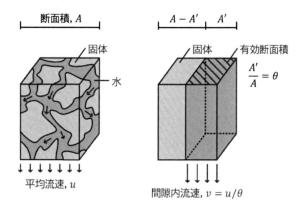

図 2.9 平均流速と間隙内流速の違い

　次に拡散とは，濃度差を駆動力として濃度の高い方から低い方へと輸送される現象です。分散との違いは，拡散は等方的な挙動を示すこと，また流速がゼロとなる静止場でも生じることです。またもうひとつ注意すべき点があり，液体中の拡散とは異なり，多孔質媒体中では間隙水中の化学物質が拡散する過程で固相部分がその動きを邪魔します。その影響を加味すると，多孔質媒体中での拡散による化学物質の輸送量は，

$$（一次元輸送の場合）F_{dif} = -\theta \tau D_m \frac{\partial c}{\partial x} \tag{2.15}$$

として求められます。ここで，τ：屈曲率，D_m：分子拡散係数 $(\mathrm{m^2/s})$ を表します。屈曲率の定義は分野によってさまざまですが（分野によっては屈曲度と呼ぶ場合もあります），概念的には多孔質媒体中のある 2 点間に着目したときの直線距離と，間隙を縫って移動するのに要する実効距離の比で表現します。

　以上の移流，分散，および拡散による化学物質の輸送量を合計すると

$$（一次元輸送の場合）F = uc - \theta \left(\alpha_L v + \tau D_m \right) \frac{\partial c}{\partial x} \tag{2.16}$$

となり，これを式 (2.12) に代入すれば，次の移流分散方程式が導出されます。

$$（一次元輸送の場合）\theta\frac{\partial c}{\partial t} = \frac{\partial}{\partial x}\left[\theta\left(\alpha_L v + \tau D_m\right)\frac{\partial c}{\partial x}\right] - u\frac{\partial c}{\partial x} \qquad (2.17)$$

なお，分散と拡散の項をまとめて分散係数と呼ぶ場合もあり，このとき分散係数は次式によって表されます [8]。

$$D_{ij} = \alpha_T |v| \delta_{ij} + (\alpha_L - \alpha_T)\frac{v_i v_j}{|v|} + \tau D_m \delta_{ij} \qquad (2.18)$$

ここで，D：分散係数 $(\mathrm{m}^2/\mathrm{s})$，$\alpha_T$：横分散長 (m) を表します。これを用いると，二次元，三次元にも適用可能な移流分散方程式を次のように記述できます。

$$\theta\frac{\partial c}{\partial t} = \nabla\cdot(\theta D\nabla c) - u\nabla c \qquad (2.19)$$

2.2.3 溶出現象

　廃棄物埋立層を通過した浸出水に化学物質が含まれるのは，廃棄物埋立層に降った雨水が浸透する際に廃棄物と接触し，廃棄物に含まれる化学物質が溶け出すためであり，これを溶出と呼びます。式 (2.19) に示す移流分散方程式には，化学物質が移流，分散，および拡散によって輸送される現象のみが考慮されており，溶出現象が含まれていません。溶出現象を表す項のことを源泉項 (Source/Sink) と呼び，実際の移流分散を考える際にはこの源泉項を考慮する必要があります。以下に源泉項の導出方法を記載します。

　溶出には溶解や固体内拡散，化学平衡等のさまざまなメカニズムが関与していると考えられていますが，実務上では溶出試験を行いその結果を直接移流分散方程式に組み込むことがほとんどです。

　廃棄物からの化学物質の溶出速度を評価するための代表的な試験方法として，シリアルバッチ溶出試験があります [9]。概念図を図 2.10 に示します。図中に示す表現はイメージであり，必ずしもこのとおりに進めなければならないものではありません。

35

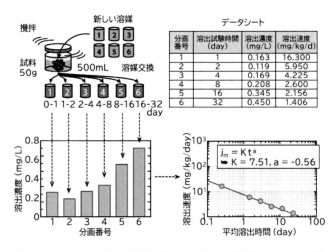

図 2.10　シリアルバッチ試験の概念図（図中の数値はイメージです）

　　まず，評価対象の廃棄物を準備し，縮分（大量にある現場試料の中から代表性のあるサンプリングを行うための方法）等を行い，代表試料として少なくとも 50 g 以上を採取します。試料量の 10 倍の溶媒（通常は純水）とともに容器に入れ，静置，または振とう，あるいは撹拌を行います。ここでは，スラグ類（再生材料）の化学物質試験方法である JIS K 0058-1 [10] の撹拌方法を準用した場合を想定し，廃棄物から溶出した化学物質が溶媒中で均一になるように，溶媒の上澄み部分のみをプロペラで撹拌します（図 2.11）。このときを試験開始として，試験開始後 1 日目，2 日目，4 日目，8 日目，16 日目，32 日目を迎えたとき容器内に溜まった溶出液を全量回収し，回収した溶出液と同等量の新しい溶媒で置換します。得られた溶出液は，それぞれ，第 1 画分，第 2 画分，第 3 画分，第 4 画分，第 5 画分，第 6 画分と名付け，溶出液に含まれる化学物質の濃度を測定し，図 2.10 左下に示すような棒グラフを描きます。

利用状況に合わせて、
溶出特性を明らかにできる

粒子破砕等が生じないように、
上澄み部分をプロペラで撹拌

固化物は粉砕することなく、
有姿のまま溶出特性を評価
できる。

図 2.11　有姿撹拌試験のメリット

各画分の濃度から，次式を用いて溶出速度を算出します。

$$j_i = \frac{c_i}{t_i - t_{i-1}} \frac{V}{m} \tag{2.20}$$

ここで，i：画分の番号を表すインデックス，j_i：画分 i における溶出速度 (mol/kg/s)，c_i：画分 i の溶出液の化学物質濃度 (mol/m^3)，t_i：画分 i を採取したときの経過時間 (s)，V：溶媒量 (m^3)，m：試料量 (kg) を表します。

また，次式で平均溶出時間 $\bar{t}_i$ を計算します。

$$\bar{t}_i = \left(\frac{\sqrt{t_{i-1}} + \sqrt{t_i}}{2} \right)^2 \tag{2.21}$$

これは式 (2.20) で求めた画分 i の溶出速度をどの時間における値とするのかを決めるためのパラメータであり，理論的に導出されたものです（本書ではその導出は割愛させていただきます）。

　例えば，図 2.10 では第 1 画分の溶出速度が 16.3 mg/kg/d と計算されていますが，これをグラフ上でどの時間にプロットするのかを決めるために平均溶出時間を計算します。この場合，$\bar{t}_1 \left[\left(\sqrt{0} + \sqrt{1} \right)/2 \right]^2 = 0.25$ d となり，第 1 画分は時間 0.25 d のとき溶出速度 16.3 mg/kg/d となるようにプロットします。同様に，第 2 画分では時間 $\bar{t}_2 = \left[\left(\sqrt{1} + \sqrt{2} \right)/2 \right]^2 = 1.46$ d のとき溶出速度 5.95 mg/kg/d となるようにプロットします。以上のように溶出速度と時間の関係をプロットすると図 2.10 右下のようなグラ

フとなり，この関係を移流分散方程式の源泉項として追加することで溶出を伴った化学物質の輸送現象を表現できます。

2.3　解析例1〜条件を単純化して理論解を用いて計算〜

では実際に海面処分場からの浸出水の濃度を計算によって予測してみます。物理現象を司る基礎方程式，すなわち式 (2.10) で表される水の挙動（浸透流方程式）と，式 (2.19) で表される化学物質の挙動（移流分散方程式）を解くことで，解析空間内の圧力分布や濃度分布，それらの時間変化が計算できます。ただ，浸透流方程式や溶出速度の時間変化は非線形であり，海面処分場からの浸出水濃度の基本的挙動が理解しにくいため，まずここでは簡略化した例題を挙げ，理論解を用いて考察していきます。

2.3.1　問題設定

ここで扱う海面処分場の概略図を図 2.12 に示します。海面処分場のうち，埋立可能なエリアの総面積を $A(\mathrm{m}^2)$ とします。廃棄物の埋立深さは保有水位 $h(\mathrm{m})$ であり，その水面には，廃棄物の埋立や降雨の流入によって水が溢れないにするため水平の排水管が設置されています。排水管は水処理施設につながっており，排水管を流れる浸出水の流量を $Q(\mathrm{m}^3/\mathrm{s})$ とします。保有水の水面より上には廃棄物はないものと仮定し，廃棄物が露出しないように土で覆われているもの（最終覆土）とします。一方，水面より下には廃棄物が埋め立てられており，その密度を $\rho_d\,(\mathrm{kg/m}^3)$，間隙率を ϕ，平均濃度を $c\,(\mathrm{mg/m}^3)$ とします。

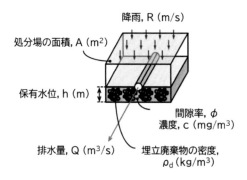

降雨, R (m/s)

処分場の面積, A (m²)

保有水位, h (m)

間隙率, φ
濃度, c (mg/m³)

排水量, Q (m³/s)

埋立廃棄物の密度,
ρ_d (kg/m³)

図 2.12　海面処分場の簡易モデル

2.3.2　基礎方程式

　基礎方程式を考えます。式 (2.10) と式 (2.19) で示される浸透流方程式と移流分散方程式を用いて解いても問題はありませんが，図 2.12 では，間隙水の濃度を平均化して扱う等の工夫がなされていますので，空間方向の変化を無視できます。この利点を活かすことで，基礎方程式とその解は簡易なものにすることができます。

　基礎方程式の立式には，解析空間内での水の質量保存則と化学物質の質量保存則を考える必要があるので，それぞれ

$$\phi A \frac{\partial h}{\partial t} = R \cdot A - Q \tag{2.22}$$

$$\phi A \frac{\partial (ch)}{\partial t} = \rho_d A h \cdot j_m - Q \cdot c \tag{2.23}$$

と表現できます。j_m：単位時間，単位質量の廃棄物からの化学物質の溶出速度 (mg/kg/s) です。ここで，水平排水管を設置しているため保有水位は一定 $(\partial h / \partial t = 0)$ と見なし，さらに問題を簡略化します。すると式 (2.22) と式 (2.23) は次式のようになり，

$$Q = R \cdot A \tag{2.24}$$

$$\phi A h \frac{\partial c}{\partial t} = \rho_d A h \cdot j_m - Q \cdot c \tag{2.25}$$

式 (2.24) を式 (2.25) に代入することで基礎方程式を式 (2.26) のように 1

つにできます。

$$\frac{\partial c}{\partial t} = \frac{\rho_d}{\phi} j_m - \frac{R}{\phi h} c \tag{2.26}$$

いま溶出速度 j_m を次のような指数関数で表現することを考えます。

$$j_m = j_0 \exp(-kt) \tag{2.27}$$

ここで, j_0：初期溶出速度 $(\mathrm{mg/kg/s})$, k：溶出速度の時間低下率を表す時定数 $(1/\mathrm{s})$ です。このとき式 (2.26) で与えられる基礎方程式の理論解は次のようになります。

$$c(t) = \frac{\rho_d j_0 h}{R - \phi k h} \exp\left(-\frac{R}{\phi h}t\right)\left[\exp\left(\frac{R - \phi k h}{\phi h}t\right) - 1\right] \tag{2.28}$$

このように，式 (2.10) と式 (2.19) で示される浸透流方程式と移流分散方程式を解かなくても，解こうとする問題を簡略化できれば理論解を導くことができるときもあります。理論解は Excel 等でも簡単に取り扱うことができるので，解に与えるパラメータの影響（浸出水濃度に及ぼす海面処分場の諸条件の影響）を理解する上では大変便利です。

なお，溶出速度を式 (2.27) のように指数関数で表現した理由は，指数関数の方がシンプルな理論解が得られるためです。例えば，図 2.10 に示すようなシリアルバッチ溶出試験の結果の場合，溶出速度と経過時間の関係について両対数軸上で直線性が認められるので累乗関数で表現するのがベターではあります。しかし累乗関数は経過時間がゼロのとき溶出速度が無限大になることや，経過時間の乗数が含まれるため単位換算には慎重な手続きが必要になることで，やや使いにくい点があります。累乗関数を用いた場合の解析事例は，後述の 2.4 節にて記述します。

2.3.3　計算条件

式 (2.28) の基礎方程式に与える計算条件を表 2.1 に整理します。計算では，降雨量を変化させた場合，廃棄物層の埋立深さを変化させた場合，および埋立廃棄物の溶出特性を変化させた場合の 3 通りを行いました。溶出速度と時間の関係には図 2.10 に示すシリアルバッチ溶出試験結果を指数関数でフィッティングした数値を用いることとし，その比較としてフィッ

ティング結果の 1/10 倍，1/100 倍に設定したときの計算も行いました。

表 2.1 計算条件

パラメータ	単位	値
保有水の水位（処分場の深さ）h	m	5, 10, 15
間隙率 ϕ	1	0.4
乾燥密度 p_d	kg/m³	1200
降雨強度 R	mm/d	2, 4, 8
初期溶出速度 j_0	mg/kg/d	7.2[注]
溶出速度の時定数 k	1/d	0.082[注]

注）図 2.10 に示す結果を指数関数でフィッティングしたときのパラメータ

　溶出特性は廃棄物の種類に依存します。例えば，初期溶出速度が高く溶出速度の時間低下率が大きいケースでは溶解性の物質を多く含むような飛灰（廃棄物を焼却した際に発生したガスや巻き上げられた微粒子等が冷却されたときに固体となったもの）が想定され，逆に初期溶出速度は低く溶出速度の時間低下率も小さいケースでは難溶性の物質からなる主灰（廃棄物を焼却した際に炉の底部に残った燃えかす）やスラグ（鉱石から高温で溶融して金属成分を抽出した後に残る残渣）が想定されます。なお，表2.1 に示す値は飛灰や主灰，スラグの溶出特性そのものではありませんのでご注意ください。

2.3.4　計算結果と考察

　計算結果を図 2.13～図 2.15 に示します。水処理施設の設計では浸出水の最大濃度と，水処理に要する浸出水の発生期間が重要になります。図2.13 では降雨強度の大小によって廃棄物埋立層の洗い流しの速度が変わることを示しています。浸出水濃度がゼロになるときの経過年数を維持管理期間と見なすと，降雨強度が 8 mm/d では維持管理期間は約 1 年間で済みますが，2 mm/d では約 40 年間にも及ぶことが分かります。一方で，降雨強度が大きいことは処理するべき水量も増えるということなので水処理施設の規模も大きくせざるを得ないと考えられます。つまり，維持管理期間を短くすることでランニングコストは低くなりますが，逆に水

処理施設の建設にかけるイニシャルコストが高くなることを示唆しています。

　同様に図 2.14 では保有水の水位による影響を調べています。廃棄物埋立層が深いほど長期間にわたり化学物質を含む浸出水が発生し，長い期間の維持管理を余儀なくされることが分かります。図 2.15 は廃棄物の溶出特性の違いが浸出水濃度に与える影響を調べています。初期溶出速度が大きいほど浸出水の最大濃度は高くなる特徴があり，初期溶出速度が高いような飛灰を埋め立てている処分場に相当します。飛灰には水溶性の化学物質が多く含まれているため，飛灰が水に接すると，水溶性化学物質のほとんどが瞬時に溶出し浸出水が高濃度になることを意味しています。このようなケースでは高濃度の浸出水にも対応可能な水処理施設，または水処理施設への負荷を減らすための前処理が必要になるでしょう。逆に初期溶出速度が低い場合には浸出水の最大濃度は低くなりますが，時定数が低い場合には浸出水の発生期間が長くなる特徴があります。これは主灰やスラグ等を埋め立てている処分場に相当します。主灰やスラグ等の残渣は一度高温に曝されたことでガラス質になっており，化学物質はこの結晶構造に取り込まれています。結晶内に取り込まれた化学物質は水に触れてもすぐに溶け出すことはなく，時間をかけてゆっくりと結晶の外に溶出します。したがって浸出水が極端に高い濃度となることはありませんが，低い濃度の浸出水が長期にわたって排出します。したがって，水処理施設には長期運転と維持管理を見据えた設計が求められます。

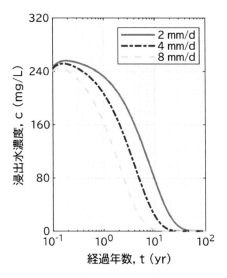

図 2.13　浸出水濃度に及ぼす降雨強度の影響

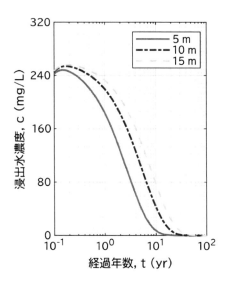

図 2.14　浸出水濃度に及ぼす保有水の水位の影響

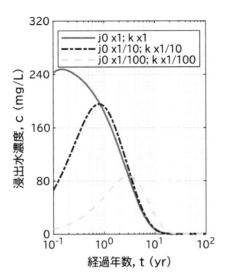

図 2.15　浸出水濃度に及ぼす溶出特性の影響

　このように数値シミュレーションには，廃棄物最終処分場の規模や埋立廃棄物の種類に応じて，水処理に係るイニシャルコストとランニングコストを予想できるので，先を見据えた最適な設計を支援できる可能性があると言えます。

　ただし，より正しい予測を得るためには数値シミュレーションで用いた適用限界をよく知っておく必要があります。特にこの場合では理論解を用いるためにいくつかの現象を省略しています。例えば，定水位を仮定していますが，これは保有水で飽和した廃棄物埋立層に雨水が浸入したとき，押し出しによって，排水管からは即座に雨量と等しい浸出水が発生することを仮定しています。実際は押し出しではなく，降雨が浸透すると保有水の水位が上昇し，水位の高い方から低い方（排水管）に向かって流れが発生し，その流れの速度に従って化学物質が少しずつ洗い流されます。本計算では流れによって輸送されるプロセスが省略されているため，洗い流しは実際よりも速く進行しており，維持管理期間を実際よりも短く（危険側で）見積もっていると考えられます。

2.4 解析例2〜数値解析による複雑な条件での計算〜

　理論解は挙動を定性的に理解する上では大変便利ですが，理論解を導く際にいくつかの条件を単純化しているため，実際の現象を省略している場合があります。先に述べたとおり，2.3節の例では降雨が排水管に流れるまでのプロセスが実際とは異なり押し出し流れによって表現されたため，浸出水濃度の時間変化を正確に予測できたとは言えません。より正確な予測をするためには降雨が保有水で飽和した埋立廃棄物に浸入することで水位が上昇し，それに伴い排水管に向かって流れ場が形成されるプロセス等を考慮する必要があります。このためには水位等の空間分布を計算しなければならず，式 (2.10) と式 (2.19) で示される基礎方程式について有限要素法等の数値計算を用いてコンピュータで解くことになります。

　有限要素法やコンピュータシミュレーションと言うと一部の専門家にしか取り扱えない難しい分野と思われますが，近年では情報技術の目覚ましい発展によって，非専門家であってもシミュレーションを実施できるソフトウェアがいくつも開発されています。さらには当該ソフトウェアをもたないユーザーであっても無料アプリとして Web 上で利用可能であったり，またはインストーラー形式の EXE ファイルとして配布できたりする時代になっており，コンピュータシミュレーションを行うだけであればその壁は確実に低くなっています。

2.4.1 問題設定

　ここで扱うのも 2.3 節の例と同じ海面処分場ですが，図 2.12 とは異なり，空間方向の物質移動を考慮します。そのために，図 2.16 のような解析空間を対象として，水平方向と鉛直方向にも座標軸を設けます。原点から高さ 11 m の位置に排水管が設置されており，そこを初期の保有水の水面とします。保有水の水面下には焼却灰と汚泥を主体とした廃棄物が埋め立てられており，一方で水面より上には厚さ 5 m の覆土が施工されている状況を仮定します。このとき，覆土表面から降雨強度 2 mm/d の雨水が浸透したときの水の流れと化学物質の輸送を解き，排水管に流れる浸出

水の水量と濃度を予測します。

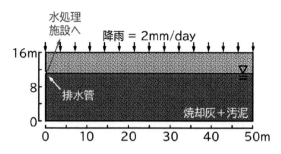

図 2.16　海面処分場を模した断面二次元下での解析空間

　廃棄物からの化学物質の溶出速度は，事前に当該廃棄物を用いたシリア
ルバッチ溶出試験によって図 2.17 のような結果が得られています（これ
は実際の埋立廃棄物を対象に実測したデータです）。2.3 節では溶出速度
を簡易的に設定しましたが，本節では累乗関数を用いて解析します。な
お，本書のここまでの記述では，廃棄物から溶出するものを化学物質の一
言でひとまとめて表現してきました。しかし化学物質にもさまざまな種類
があり，溶出試験で得た液体を専門の水質分析装置に供することでどのよ
うな化学物質がどれくらいの濃度で含まれているのかが分かります。例え
ば，ここで示すカルシウムイオン Ca^{2+} や塩化物イオン Cl^- はイオンクロ
マトグラフィという装置で調べることができ，水酸化物イオン OH^- は
pH 計で調べることができます（pH 計は水中の水素イオン濃度を測定す
るための計器ですが，水素イオン濃度と水酸化物イオン濃度の積は一定で
あるという制約条件があるので，水のイオン積から水酸化物イオン濃度に
換算できます）。化学物質の種類が異なれば廃棄物からの溶出挙動は異な
りますので，それを図 2.17 のように表現し数値シミュレーションに反映
します。

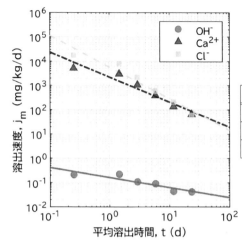

図 2.17　シリアルバッチ溶出試験で実測した溶出速度

累乗関数 $j_m = Kt^{-a}$ への フィッティング結果		
	K	a
OH⁻	0.162	0.41
Ca²⁺	2210	1.03
Cl⁻	5770	1.30

2.4.2　基礎方程式

　基礎方程式には，式 (2.10) と式 (2.19) で示される浸透流方程式と移流分散方程式を用います。再掲になりますが，

$$\frac{\partial \theta}{\partial t} = \nabla \cdot \left[\frac{k_r K}{\mu} \left(\nabla p + \rho g \nabla z \right) \right] \tag{2.29}$$

$$\theta \frac{\partial c_{\mathrm{OH}}}{\partial t} = \nabla \cdot (\theta D \nabla c_{\mathrm{OH}}) - u \nabla c_{\mathrm{OH}} + \rho_d K_{\mathrm{OH}} t_{cum}{}^{-a_{\mathrm{OH}}} \tag{2.30}$$

$$\theta \frac{\partial c_{\mathrm{Ca}}}{\partial t} = \nabla \cdot (\theta D \nabla c_{\mathrm{Ca}}) - u \nabla c_{\mathrm{Ca}} + \rho_d K_{\mathrm{Ca}} t_{cum}{}^{-a_{\mathrm{Ca}}} \tag{2.31}$$

$$\frac{\partial t_{cum}}{\partial t} = \begin{cases} 1 & \mathrm{pH} < 12.5 \\ 0 & \mathrm{pH} \geq 12.5 \end{cases} \tag{2.32}$$

と定義します。これまでとの違いは，次の 2 つを考慮している点です。

・水に溶けている化学物質として水酸化物イオン OH⁻ とカルシウムイオン Ca²⁺ の 2 つを取り上げることで，各々の廃棄物からの溶出特性の違いを考慮している

・水酸化カルシウムの飽和水溶液として pH=12.5 を仮定し，廃棄物埋

立層の間隙水中の pH が 12.5 に達したら水酸化物イオンとカルシウムイオンの溶出は停止し，一方で pH が 12.5 未満であれば水酸化物イオンとカルシウムイオンの溶出が生じる

式 (2.32) は累積溶出時間を計算するための式であり，pH が 12.5 未満であれば経過時間を累積溶出時間としてカウントし，12.5 のときには溶出は停止しているので時間経過しても累積溶出時間にはカウントさせないような処理を行っています。

2.4.3　計算条件

図 2.18 に解析メッシュ図を示します。解析メッシュ図とは，式 (2.29) 〜式 (2.32) に示す基礎方程式をコンピュータ上で計算するために解析空間を離散化したものです。基礎方程式は解析空間全体を連続量として表していますが，コンピュータは連続量を扱うことができないため基礎方程式を離散化する必要があります。解析空間を微小なメッシュの集合体として考え，ひとつひとつのメッシュに対して基礎方程式を解き，最後に各メッシュで得られた解を重ね合わせることで解析空間全体の解とします。基礎方程式の解はメッシュ図の格子点上で求められ，格子点間の解は通常，一次関数や二次関数等で補間されます。このため，解析空間を粗くメッシュ分割した場合，基礎方程式の解は解析空間内の限られた格子点上でのみしか得られないので，基礎方程式とは無関係な一次関数や二次関数等で格子点と格子点の間を補間してしまうと，解析空間全体を表す基礎方程式を解いた結果とは言えない場合があります。

そこで，現象の変化が穏やかな部分だけメッシュを粗くしてその格子点上で基礎方程式を満たす解を求め，補間関数を用いて解析空間全体の解を表現するのが合理的です。ただし，変化が著しい部分には注意が必要で，このような部分には細かなメッシュを与えないとその著しい変化を表現できません。そこで，変化が著しい部分は補間関数に頼るのではなく，細かなメッシュを与えて多くの格子点を作成し，それらの点上で基礎方程式の解を多く求めることで計算精度を担保しなければなりません。すなわち，解析空間の雨水浸透境界面や浸出面境界，地下水位面の辺りに細かいメッ

シュを与えます。

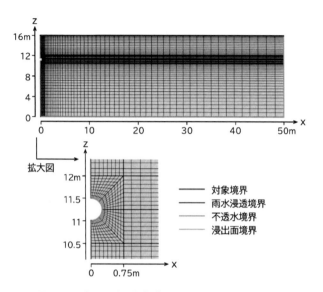

図 2.18 断面二次元解析空間のメッシュ図と境界条件

　メッシュの細分化は計算精度に良い影響を与えますが，いたずらに細かくするのは計算時間の長時間化を招きます。最近の数値解析ソフトウェアには解析空間の三角形要素による自動メッシュ機能が付いているものがほとんどで便利ですが，計算時間を短縮したい場合にはユーザー自身がメッシュを指定することも有効です。この場合，自動メッシュは用いずに矩形要素のみで分割させることにより，三角形要素で自動分割した場合よりも未知変数の総数（おおむね，独立変数の数×メッシュの格子点の数で見積もられます）が少なくなるので，より短時間で計算できます。ユーザー自身でこうした工夫ができると，必ずしも高スペックの計算機に頼らずとも市販のノートパソコン等でも十分なシミュレーションができます。

　なお，計算に要する時間は未知変数の総数の 3 乗に比例すると考えられています。複数の物理現象を同時に解くことをマルチフィジックス解析と呼びますが，例えば，式 (2.29)～式 (2.32) のように浸透流のみならず，複

数化学物質の移流分散，水酸化カルシウムの化学平衡を同時に考慮すると
その方程式の数だけ未知変数が増えていきます。また複雑な形状をもつ解
析空間，もしくは三次元の解析空間では，メッシュは必然的多くなります
ので，格子点すべてに存在する未知数の総数は膨大になり，計算に時間が
かかりすぎて手に負えなくなるケースが多く見受けられます。三次元のマ
ルチフィジックス解析はあたかも自然現象を忠実に再現したようなシミュ
レーションを見せることができるのでプレゼンテーション等には大変有効
ですが，実用上では不利になる点も多いので，個々の計算時間を短縮化す
るためのメッシュ分割の縮減，解析空間の低次元化，さらには基礎方程
式の単純化などの工夫を凝らすことも重要であることを忘れてはなりま
せん。

　さて，本節の計算条件は表 2.2 に示すとおりです。表中に示す屈曲率
には，Millington-Quirk による提案式 [11] を与えました。初期条件は，
浸透流方程式に対しては保有水の初期水位として $h=11$ m を与えまし
た。移流分散方程式の初期濃度は pH=12.5（水酸化物イオン濃度として
3.16×10^{-2} mol/L）を与えて，カルシウム濃度には 400 mg/L を与えま
した。

表 2.2　計算条件

パラメータ	単位	値
保有水の初期水位 h	m	10
間隙率 ϕ	1	0.3
乾燥密度 p_d	kg/m^3	1200
固有透過度 k	m^2	1.0×10^{-12}
水分特性曲線パラメータ a	1/m	3.01
水分特性曲線パラメータ n	1	1.26
降雨強度 R	mm/d	2
縦分散長 a_L	m	1
横分散長 a_T	m	0.1
分子拡散係数 D_m	m/s^2	1.0×10^{-9}
屈曲率 τ	1	$\theta^{7/3}/\phi^2$

　境界条件については，浸透流方程式は解析空間の上部は雨水浸透境界として降雨強度 2 mm/d を与えて，解析空間左端には対象境界，また集排水管には浸出面境界 [12] を与え，他境界は不透水境界としました。一方，移流分散方程式の境界条件では，解析空間左端に対象境界，また集排水管に流出境界を与え，その他境界はゼロフラックス境界としました。

　ここで不透水境界やゼロフラックス境界とは，境界上にある変数の法線方向の傾きがゼロであることを指定しており，物質はその境界を通過できないことを意味しています。有限要素法による数値解析では，境界上に対してユーザーが条件を指定しなかった場合，不透水境界またはゼロフラックス境界が適用されます。これは，有限要素法に基づいて基礎方程式を展開するなかで，ガウスの発散定理を援用した際に境界上の変数の傾きを入力する過程が存在しますが，変数の傾きをユーザーが設定していなければ計算機がその値を初期値（ゼロ）として解釈するためです。浸出面境界とは，当該境界上での排水に伴い地下水位が変化する場合に用いられる条件です。当該境界での地下水面よりも低い位置にある境界には圧力固定条件を与え，地下水面よりも高い位置にある境界には不透水境界を与えるものです。将来予測期間は 100 年間として，解析開始時の時間刻み幅は 0.01 年を与え，計算の収束性に応じて時間刻み幅を上限 1 年として徐々に増加させています。連立一次方程式の数値解法には MUMPS(MUltifrontal Massively Parallel sparse direct Solver) を使用しました。

2.4.4　計算結果と考察

　計算結果を図 2.19〜図 2.21 に示します。図 2.19 は浸透流解析の結果であり初期状態，0.1 年後，1 年後の飽和度分布を表しています。浸透流方程式を解くことで未知変数 p の値がメッシュ上の格子点ごとに求まりますので，この間隙水圧 p を式 (2.19) によって飽和度 S に変換して分布として表示したものです。また図中の白い線は $p=0$ Pa となる等値線であり，すなわち保有水面を表しています。0.1 年後の飽和度分布では地表面からの雨水が徐々に深さ方向に浸透しており，その湿潤面はまだ保有水位には到達していないことが分かります。1 年後になると湿潤面は保有水位

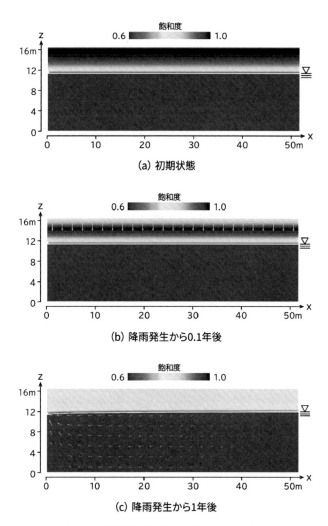

（a）初期状態

（b）降雨発生から0.1年後

（c）降雨発生から1年後

図 2.19　海面処分場内の水の流れを解析した結果

に達し，雨水浸透に伴い保有水面の形状は初期状態から変化しています。集排水管位置では保有水面は管底にありますが，集排水管から数メートル離れると管頭と同じレベルまで盛り上がっています。その結果保有水内の水は集排水管に向かって流れることがベクトル図から読み取れます。この

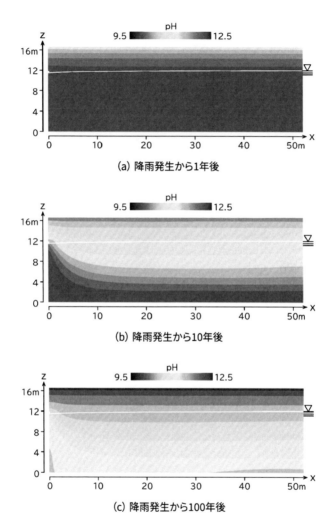

図 2.20　海面処分場内の水酸化イオン濃度 (pH) の分布を解析した結果

ように浸透流解析を行うことで，保有水面より上の不飽和帯における雨水浸透や，保有水面が集排水管に向かって傾きが生じることで発生する保有水位内での水の流れを調べることができます。

　図 2.20 と図 2.21 は移流分散方程式解析の結果であり，1 年後，10 年

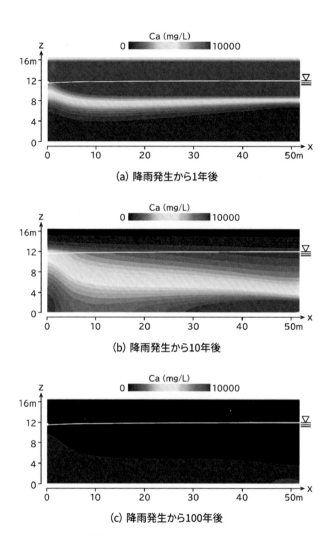

図 2.21　海面処分場内のカルシウムイオン濃度の分布を解析した結果

後，100 年後の pH 分布とカルシウム濃度分布を表しています。図 2.20 から，解析空間全域の pH が初期では高かったものが雨水浸透によって地表面から徐々に低くなっており，つまり廃棄物中の水酸化物イオンが洗い流されている様子が分かります。しかし，100 年が経過しても保有水は依

然アルカリ性であり，特に深い位置ほど多くのアルカリが残存していま
す。一方で，図 2.21 を見ると，1 年が経過した時点では保有水面辺りの
カルシウム濃度は廃棄物からの溶出によって高くなるものの，深い位置に
おけるカルシウム濃度はそれよりも低くなっています。これは式 (2.32)
によって pH=12.5 のときはカルシウムと水酸化物イオンの溶出は生じな
いことを定義しているためです。雨水浸透によって水酸化物イオンの洗い
流しが始まるので，pH が 12.5 未満の領域が地表面から広がっていき，
同時にカルシウムの溶出が始まることでその間隙水中のカルシウム濃度は
高くなっています。カルシウムは図 2.17 に示すように時間経過とともに
急激に溶出量が少なくなるので，比較的洗い出しが容易であると言えま
す。したがって，10 年が経過した時点では地表保有水面より上の部分に
はカルシウムはほとんど残っておらず，100 年も経過すると海面処分場内
のカルシウムはすべて洗い流されていることが分かります。

　図 2.22 と図 2.23 は解析空間内にある集排水管に流れる浸出水の pH と
カルシウム濃度の予測結果を示しています。配管の目詰まりに影響を及ぼ
すと考えられるカルシウムは 3 年目にピーク濃度を迎え，その後急激低下
し，10 年目に約 8000 mg/L，20 年目には約 3000 mg/L（海水のカル
シウム濃度は 400 mg/L）になると計算されています。こうした情報か
ら水処理施設の前処理としてカルシウム沈殿槽の必要性を議論したり，必
要である場合には要求すべき規模や耐久年数の目安を得たりすることがで
きるので，設計へと反映できます。

　また pH は，図 2.22 からも分かるように，その値を下げることが難し
い水質項目です。しかし pH は水処理の性能を左右させる重要なファク
ターであり，前処理として最大の処理性能を与える至適 pH に調整するた
めにも，本予測結果は水処理の設計を行う上で重要な情報となってきま
す。加えて，pH は環境基準に指定されておりその基準値を下回るまで何
らかの水処理を与えなければなりません。特に廃棄物埋立層からの浸出水
の pH は時間的になかなか下がらない特徴がありますので，水処理のなか
でも pH を調整するプロセスには長期稼働を見据えて設計する必要があ
ることが示唆されます。

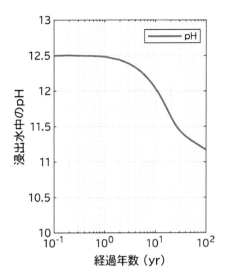

図 2.22 浸出水中の pH の時間変化

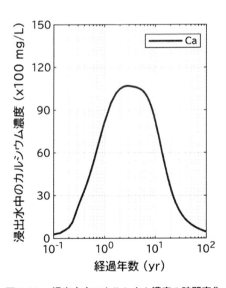

図 2.23 浸出水中のカルシウム濃度の時間変化

2.5　予測モデルの課題と改良の必要性

　先述のとおり,「この将来予測結果の精度はどれくらいか？」というのは立証しようのない質問です。重要なのは,この予測結果がどのような理屈と仮説に基づき計算されているのかを理解し,目的に応じて仮説の検証を行い,最終的にこのシミュレーションの活用方法を考察することです。

　この予測結果に影響を与えている仮定のひとつに,「埋立廃棄物からの水酸化物イオンとカルシウムイオンの溶出は,pH が 12.5 未満のときにしか生じ得ないこと」があります。この仮定が正しいのか否かは,室内試験レベルで比較的短期間で検証できると考えられます。何十年も先の将来予測結果に対してその精度を議論するために頭を悩ませるよりも,現時点で作成したシミュレーションモデルの各要素に着目し,それぞれで妥当なモデルであるのかを議論し検証し,必要であればモデルを改善していく方がよっぽど建設的だと考えられます。それが精度向上にどの程度寄与するのかは分かりませんが,より正確な予測を得るためには必要な検証です。

　もうひとつ,予測結果に影響を及ぼしている仮定があります。「廃棄物埋立層内の pH 分布を,廃棄物から溶出した水酸化物イオンが輸送された結果として見なしていること」です。本来 pH は,水酸化物イオンが単独で輸送されるものではなく,周辺の化学物質との相互反応を伴いながら輸送された結果です。具体的には,(1) 元素ごとの物質収支式,(2) 電荷均衡式,(3) 化学物質間での平衡条件を考慮して計算することになります。ただしこの pH 計算は大変難しく,解析空間内に存在する全化学物質の全化学形態の濃度を独立変数として与える必要があり,計算時間が未知変数の総数の 3 乗に比例することを考えると,その求解には多大な時間と労力を要することは容易に想像できるかと思います。輸送を伴わない場合であれば,未知変数の総数も比較的少なく現実的な計算時間で解を得ることができるので,そのためのさまざまな化学平衡計算ソフトウェアが存在します [13-15]。しかしながら輸送を伴う場合の未知変数の総数は,輸送を伴わない場合に比べて,解析空間をメッシュした際の格子点数の数だけ倍加するので,計算時間が急激に跳ね上がります。

　こうした現実上の制限を鑑みて,学術的には正確とは言えない水酸化物

イオンの輸送から見た pH 計算を用いざるを得ないわけですが，このとき
の検証はどこかで触れておく必要があります。その検証は何も実際の海面
処分場のような大きな規模で行う必要はありません。まずは室内試験レベ
ルのカラム試験から，pH の予測に及ぼす計算手法の違いを調べてみては
いかがでしょうか？

　海面処分場に限った話ではありませんが，廃棄物の埋立処分では発生し
た浸出水を清浄するための水処理施設の維持管理コストが課題となり，維
持管理コストの見積もりが甘いと経営破綻につながる恐れがあります。そ
こで，維持管理コストを見積もる際は，本章で示したような将来予測手法
を用いることでどういった処分場構造で，何を埋めたら，どのような浸出
水がどれくらいの期間発生するのか，といった疑問に対する答えを導きま
す。この結果は長期の維持管理を見据えた水処理施設の設計に活かせるも
のと考えられます。特に海面処分場では，前述のとおり浸出水中の汚濁成
分や有害物質等は経年とともに比較的濃度低下しやすい一方で，pH はな
かなか下がりにくいという実態があります。水処理の対象物質が時間とと
もに変わることを念頭に置き，長い年月が経過して水処理対象物が pH の
みとなった場合には，その処理を維持管理コストの少ない方法に変更する
ことを想定した水処理を考える必要があるのかもしれません。

参考文献

[1]　遠藤和人:『海面最終処分場の構造・管理そして役割』，第 27 回廃棄物資源循環学会発
　　　表会特別セッション (2016).
　　　https://jsmcwm.or.jp/taikai2016/（2023 年 7 月 28 日参照）

[2]　東京都環境局:『東京都廃棄物埋立処分場パンフレット』(2022).
　　　https://www.kankyo.metro.tokyo.lg.jp/data/publications/
　　　resource/pamphlet_list.html（2023 年 7 月 28 日参照）

[3]　Richards, L. A.: Capillary Conduction of Liquids Through Porous Mediums,
　　　Physics, Vol.1, No.5, pp.318-333 (1931).

[4]　Bear, J. and Cheng, A. H. -D.: *Theory and Applications of Transport in Porous Media*,
　　　Springer Dordrecht Heidelberg London New York (2010). ISBN: 9781402066818

[5]　肴倉宏史, 水谷聡, 田崎智宏, 貴田晶子, 大迫政浩, 酒井伸一: 利用形状に応じた拡散溶出
　　　試験による廃棄物溶融スラグの長期溶出量評価,『廃棄物学会論文誌』, Vol.14, No.4,
　　　pp.200-209 (2003).

[6]　van Genuchten, M. T.: A Closed-form Equation for Predicting the Hydraulic

Conductivity of Unsaturated Soils, *Soil Science Society of America Journal*, Vol.44, pp.892-898 (1980).

[7] 勝見武: 『地盤環境汚染の基礎と解析の考え方』, engineering-eye テクニカルレポート, 伊藤忠テクニカルソリューションズの化学・工学系情報サイト (2005). https://www.engineering-eye.com/rpt/w010_katsumi/ (2023 年 7 月 28 日参照)

[8] Bear, J.: *Dynamics of Fluids in Porous Media*, Elsevier Science Ltd. (1972). ISBN: 9780444001146

[9] JSTMCWM-TS0105: 『再生製品等に含まれる無機物質を対象とするシリアルバッチ試験方法』, 廃棄物資源循環学会廃棄物試験・検査法研究部会 (2012). https://jsmcwm.or.jp/wastest-group/files/2012/12/ 026ae4335a48c3e680359e5cfe986985.pdf (2023 年 7 月 28 日参照)

[10] JIS K 0058-1: 『スラグ類の化学物質試験方法 第一部 溶出量試験方法』, 日本産業規格 (2005).

[11] Millington, R. J. and Quirk, J. P.: Transport in Porous Media, *The 7th Transactions of the International Congress of Soil Science*, pp.97-106 (1960).

[12] 岡山地下水研究会: 『有限要素法による飽和不飽和浸透流解析 – AC-UNSAF2D – プログラム解説およびユーザーマニュアル』, 岡山地下水研究会 (2003). http://www.igeol.co.jp/okayama/kaiseki_pro.htm (2023 年 7 月 28 日参照)

[13] USGS: PHREEQC ver. 3 (2021). https://www.usgs.gov/software/phreeqc-version-3/ (2023 年 7 月 28 日参照)

[14] Gustafsson, J. P.: Visual MINTEQ ver. 3.1 (2013). https://vminteq.lwr.kth.se/ (2023 年 7 月 28 日参照)

[15] Thermfact/CRCT and GTT-Technologies: FactSage ver. 8.2 (2022). https://www.factsage.com/ (2023 年 7 月 28 日参照)

第3章

廃棄物最終処分場への
CAEアプリ展開例

　本章では，将来予測モデルの検証と較正のために取り組んでいる事例を紹介します。

　検証とは，モデルの妥当性を調べることです。実際の現場を対象に検証を行うことは少なく，多くの場合でそれよりも縮小したスケールでかつ簡素化した条件下で検証を行います。その理由は，開発者が取り上げた一部の現象に対して，数式で表現しシミュレーション可能かどうかを判断するのが目的だからです。モデルには捨象している自然現象は必ず存在します。自然現象そのものと比較して予測精度の議論を展開するのは本筋から逸れたことであり，検証の意味するところではないという点に特に注意が必要です。

　しかし予測精度が分からなくても，学術として未解明な現象や条件が存在したとしても，より正確に将来を予測したいという場面は往々にして存在します。そのひとつの手段が較正（キャリブレーション）です。較正とは，機器計測ではよく耳にする言葉ですが，使用する前に当該機器が正しい値を応答するように装置内部に組み込まれたパラメータを調整することです。機器計測分野では標準試料を対照にして較正を行いますが，この考え方を応用すれば，現場で記録されたデータに基づいて将来予測モデルの較正を行うことができます。

3.1　アプリとは

　スマートフォンが身近な存在となって，アプリという言葉は聞きなれたものと思います。アプリケーションソフトの略称で，ユーザーが特定の用途や目的を達成するために設計されたソフトウェアを意味します。配布形態には 2 種類あり，ひとつはインストーラー形式で配布しユーザーの端末にインストールして使用するもの，もうひとつは Web ページ上にアプリを展開させてユーザーが該当ページにアクセスして使用するものです。便宜上ここでは前者をオフライン形式，後者をオンライン形式と呼ぶこととします。

　オフライン形式は，Microsoft の Word や Excel 等が代表的なアプリ

です。これらは一定の操作により特定の作業を高品質で行うための環境を提供します。通信環境の有無に関係なく使用できますが，サービスの提供形態が開発元からユーザーへの一方向であり，また最新情報の反映には，開発元のアップデートに加えて，ユーザー自身によるアップデートも必要なことがデメリットになります。

　一方でオンライン形式には，Google Map や Google 翻訳等が挙げられます。これらのアプリは，ユーザー側にとってはサーバー不要，インストール不要であり，所有する端末の性能に関わらず一定のサービスが受けられるという大きなメリットがあります。サービスを司るアプリの本体はサーバー内に保存され，本体のみの更新で全ユーザーに最新のサービスを提供できます。特にユーザーからのフィードバックを受けやすいのが特徴で，Google Map がカーナビゲーションシステムよりも遅れて登場しているにもかかわらず飛躍的な進化を続け現在幅広いユーザーに利用されているのは，オンラインによる恩恵を十分に活用しているため，と分析している方々もいます。

　自分たちが開発したシミュレーションモデルの適用性を検証し，実務に活かしてもらいたいと願うのは開発者（デベロッパー）側としては当然の思いです。しかし開発したシミュレーションモデルをそのままユーザーに配布したとしても，活用できるのは当該分野に精通した一部のユーザーにとどまってしまいます。もちろんこれで良しとする場合もありますが（例えば，同じ専門性を扱う分野内での研究者等を対象とする場合），本章ではより広いユーザーにシミュレーションモデルを活用してもらうことを考えてみます。

3.2　アプリ配布の意図

　CAE とは Computer-Aided Engineering の略であり，直訳すると，コンピュータ支援に基づく工学となります。商業や産業等の活動における設計や管理，開発を，コンピュータによる技術計算やシミュレーションによって支援することを意味します。本章のタイトルにある CAE アプリと

は，こうしたコンピュータ支援を提供しているアプリケーションを指します。

　前章までで廃棄物最終処分場を取り上げ，埋立廃棄物から長期にわたって発生する浸出水を清浄にするための水処理施設の維持管理コストが運営の課題になることを述べました。それを解決するための手段のひとつとして，将来予測シミュレーションが挙げられます。第 2 章で述べたシミュレーションモデルはこの分野に精通した研究者であれば，当該モデルをアプリという形で配布すればすぐに活用されるかと思います。しかし，実務で困っているのは廃棄物最終処分場の管理者もしくは現場管理者であって，彼らにシミュレーションモデルを有効活用してもらうためには非専門家であっても直観的で分かりやすいアプリに仕上げなければなりません。つまり実際にアプリを使用するユーザーの視点を意識する必要があり，開発者は目線の高さをユーザーに合わせて，開発者とユーザー間での議論を重ねることが重要です。

　ここで開発者を研究者，ユーザーを実務者として設定し，廃棄物最終処分場の将来を見据えて運営するために浸出水濃度の長期予測をどのように行っていくのかを考えてみます。研究者は，個々の最終処分場の実態には詳しくないけれども科学的知見に基づいた浸出水濃度を長期予測するための手段には精通し，それをアプリ化する能力をもっています。一方実務者は自分の管理している最終処分場を詳しく知るスペシャリストであり，施設図面，受入廃棄物の履歴，維持管理データまでの基本的情報をもち，また長年にわたる運営のなかで培われた最終処分場の状況変化や抱える課題などの経験的知見をもっています。こうした研究者と実務者の双方から議論を重ね，浸出水濃度の長期予測に必要な知識や情報，データを積み上げていくことは，より正確な予測結果を得るために大変重要なことです。

　しかし研究者と実務者を連携させるためのきっかけ作りが大変重要であり，また慎重な工夫が必要です。アイデアの発端なる研究者から実務者に対してただデータ提供の依頼をしても，実務者から良い回答は得られないでしょう。日々の業務で忙しい上に，その時間を割いてまでデータ提供することの実務者側のメリットが示されていないためです。実務者側へのメリットを明確にしつつ，もちろん研究者側へのメリットもあるような連携

をどのように作るのかが問われます。

　CAE アプリはその手段のひとつにもなり得ると考えています。研究者が開発中のシミュレーションモデルをアプリで配布する意図は，実務者のもつ情報を収集しフィードバックを受けることで，より正確な予測モデルにアップデートするためです。一方実務者には，そのアプリを使用することで実際の日々業務の円滑化または抱える悩みの解決に資するようなアプローチを行わなければなりません。アプリのブラッシュアップを図りつつ実務者の気持ちの変化を注意深く捉えることが，実務者にとってメリットのある開発に不可欠な要素です。そのため，研究者から実務者に向けた説明会やアプリのデモンストレーション等を複数回企画する必要があります。本章ではその取り組み事例を紹介しますが，その前に当該アプリの特徴である正確な将来予測のための較正について次節で説明します。

3.3　研究者が開発する将来予測モデルの較正

　本章冒頭でも述べたとおり，実測データに合うように将来予測モデルをチューニングすることをキャリブレーション（較正）と呼びます。ここでは，廃棄物最終処分場のように不均質性で不確実性の強い場に対して，数値シミュレーションからより正確な予測を行うためのキャリブレーションの考え方について説明します。

　将来予測等に用いられる数値シミュレーションは，第2章で述べたように着目する物理現象を表す基礎方程式（微分方程式）を構築し，それに初期条件と境界条件を与えて，有限要素法等の数値解法を用いて解を得るといった方法が王道でした。繰り返しになりますが，シミュレーションモデルは自然現象そのものを予測するものではなく，着目したい事象に焦点を置き自然現象を抽象化していますので，捨象した項目については予測の対象外となります。例えば，実務上の展開を図る際にシミュレーションの単純化や軽量化のために敢えて精緻なモデルは使わないこともあります。あるいは意図的でなくても，最終処分場には未だ知り得ない自然現象が潜んでいる場合や，予測結果に著しい影響を与えるパラメータを確実に把握で

きているとは言えない場合もモデルでは扱えない事象であり，捨象していることと同じ意味になります。さらに，予測対象の規模が大きくなるにつれて一般的に正確な予測が難しくなりますが，これは捨象した不均質性や不確実性，外乱要因が顕在化するためです。とりわけ廃棄物最終処分場にはこうした要因が特に多い場であるので，従来のような物理シミュレーションからの一方向の予測で正確さを追い求めるのは限界があるのではないでしょうか。

　こうした課題意識の中で，実測データがあるならば，それに合うようにモデルをキャリブレーションすればよいのではないかという新しい考え方が生まれました。データ同化と呼ばれるものです。物理シミュレーションの一方向からより正確な予測を進めるのには限界があるので，実測データを用いたモデルのキャリブレーションを行うことで，計算と実測の双方向からのアプローチによって予測誤差をより小さくしようというものです。その概念図を図 3.1 に示します。

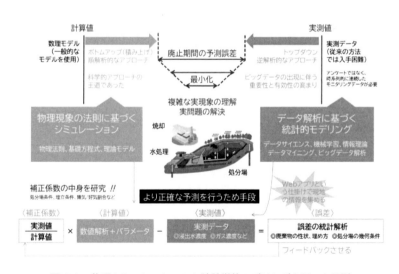

図 3.1　物理シミュレーションと統計学的モデリングを用いた予測

　こうしたモデル構築では，頻出する質問事項として「一般化できるの

か」というものが挙げられます。結論から申し上げると，「一般化できな
くても実務上有益な知見をもたらすことはある」が回答です。図 3.1 の考
え方は，実測データに潜むトレンドを見つけモデルをキャリブレーション
するものであり，いわゆるデータサイエンスと呼ばれるものを活かして正
確なシミュレーションを目指します。

　データサイエンスの名前が登場した当時においても，得られた知見に対
して一般性に係る議論が飛び交いました。有名な事例としておむつとビー
ルの売り上げには相関があるという話があり，ある店舗ではおむつを購入
した顧客は同時にビールを購入するという傾向を見出したというものです
[1]。この分析結果は一般化されたものではなく，例えば他の店舗では通
用しなかったり，おむつとビールの配置場所を変えるだけでも傾向は変
わったりするだろうという議論がなされました。

　このようにデータサイエンスで得られる知見は必ずしも一般化されたも
のではありませんが，当該の売り上げに直面する経営者にとっては大変有
益な情報になるわけです。それは廃棄物最終処分場実務者も同じであり，
まずは自分たちが直面する最終処分場のことを第一に考えますので，実測
データに潜むトレンドが普遍的であるかどうかは二の次であって，当該処
分場におけるこれまでの実測データの傾向や，もしくは類似事例を引用し
て将来を予測することは経営では当然あるべき戦略のひとつです。そのた
め図 3.1 の考え方は一般化できるような概念ではありませんが，個々の廃
棄物最終処分場に対してプラクティカルな将来予測を与える上では有用で
あると考えています。

3.4　実務者がデータを活かすための対話型プ ラットフォーム

　実務者との連携を図るためには，少なくとも実務者にとってもメリット
のある研究開発でなければなりません。特に廃棄物最終処分場実務者に
とって実測データは数値の独り歩きで風評被害へと発展する恐れがありま
すので，単純に協力してください，データを提供してくださいと依頼して

も，一切相手にされることはありません。実務者へのアプローチには大変な慎重と十分な準備が必要になります。本節では，私たちが実際に取り組んでいる事例を紹介します。

　まず，研究者と実務者の連携を目指すとき，研究者は実務者に対してどのような支援ができるのかを考えました。特に概念的，または理想的な話ではなく，実際に実務者自身が目に見える形で，またすぐに入手できる形での支援が必要であると考えました。そこで研究者側からは 2 つの Web アプリ（プロトタイプ版）を無償提供することを提案しています。ひとつは，実測データをデータベースとして一元管理し可視化および分析するための Web アプリ（以降，データベースアプリ），もうひとつは，廃棄物最終処分場の将来予測をシミュレーションするための Web アプリ（以降，将来予測シミュレーションアプリ）です。

　データベースアプリでは，研究者は数値の扱いに長けているため，その能力を実務者にアプリという形で活用してもらうことを考えています。実務者には膨大なデータが集まるものの，日々の業務や人事異動によってデータを詳しく分析するための時間がないのが実態であり，日々集まる実測データを一元管理し可視化および分析する環境を Web 経由で提供することで実測データのもつ俯瞰的な理解を促すものです。このデータベースアプリは，実務者自身が研究協力の開始直後からすぐに手に入れることのできる研究者からの支援と言えるでしょう。

　一方将来予測シミュレーションアプリは研究者による長期的な研究開発を通じて提供するアプリであり，各処分場独自の諸条件を初期条件と境界条件として考慮した物理シミュレーションによって実務者の悩みである廃棄物最終処分場の将来予測結果を提供するものです。しかしこれまで研究開発で進められてきた物理シミュレーションでは廃棄物最終処分場の不均質性や不確実性は考慮できず，プラクティカルな予測には耐えられないのが実態です。そのため，実務者から実測データの提供を受けることでモデルのキャリブレーションを実現し，より正確な将来予測計算をすることが期待されます。しかしこれは多くの実測データの収集があってこそ進む研究開発であり時間を必要とするため，実務者には「研究者と実務者の連携強化による最終成果物」として位置付けて説明を行っています。

研究者と実務者の連携によるこうしたアプリ開発は，先の 3.1 節に述べた特徴を活かしオンライン上で行っています。具体的には，著者の所属する国立環境研究所のウェブサーバー上に HTTP によるプラットフォーム（以降，対話型プラットフォームと呼びます）を図 3.2 のように構築し，その中で開発を進めています。

図 3.2　Web アプリを共同開発するための対話型プラットフォーム

対話型プラットフォームには当該開発に係る活動履歴やその中で用いた

参考資料，およびオンライン上で操作可能なデータベースアプリと将来予測シミュレーションアプリを配置しており，当該開発に係る方々のみを対象にユーザー ID とパスワードを発行し，限定的な運用を行っています。対話型プラットフォームのユーザビリティもまた研究者と実務者の開発に対するモチベーションに影響を与えますので，ウェブデザイナー監修のもと視認性，可読性，操作性に優れたデザインになるように配慮しています。

　対話型プラットフォーム上のデータベースアプリと将来予測シミュレーションアプリは，国立環境研究所のスーパーコンピュータ上で動かせるようリンクが貼られており，利用者のみに与えられた時限付きのユーザー ID とパスワードを入力することで利用できるようにしています。オンライン上でデータベースや将来予測シミュレーションを使用できる利点は，ユーザーからのフィードバックやデータベースの更新，モデルの改良，バグ修正等のバージョンアップの管理が容易で，ユーザーには常に最新のサービスを提供できる点にあります。なお，実測データの一元管理，可視化，分析を提供するためのデータベースアプリの構築には MATALAB App Server（Mathworks 社）を用いており，科学技術計算に基づいた廃棄物最終処分場の将来予測シミュレーションアプリは COMSOL Server（COMSOL 社）を用いて構築しています。

3.5　開発の具体的な進め方

　本節では，研究者と実務者をつなぐアプリの開発について，注意点も含めて具体的に説明します。研究者・研究者双方にとって有益なアプリになるよう，どちらかの視点に偏らないように留意しましょう。

3.5.1　データベースアプリ

　実務者または現場管理者には日々膨大な実測データが集まります。しかし，日々のその他業務に追われているなかで，実測データを詳細に見て，過去からのトレンドの変化を分析し将来を推測するための時間的余裕は

なく，できる範囲は当該日に得られた実測データに異常がないか否かの
チェックがせいぜいのところです。場合によっては実測データをデジタル
情報に変換するのもままならないのが実態です。

　デジタルトランスフォーメーションは，ただの情報のデジタル化のみな
らず，デジタルデータを活かすことで働き方を変革するものでなければな
りません。ここで開発するデータベースアプリはデータの一元管理にとど
まらず，これまでに蓄積したデータを利活用し廃棄物最終処分場の維持管
理に役立てるために，俯瞰的な理解を支援するための可視化機能やデータ
に潜むトレンドおよび影響因子を推定するための分析機能を実装させてい
ます。データの可視化や各種統計分析（データフィッティング，時系列解
析，主成分分析等）は，一からプログラミングを行わずとも，これまで多
くの開発者がその手法をコード化し公開されているものも多くあるので，
こうした資産は有効活用し廃棄物最終処分に係る実務者または現場管理者
に Web アプリとして提供することで彼らの働き方改革に資すると考えて
います。

　実務者がもつ実測データはさまざまです。法的義務ではないデータも多
数所持しています。そうしたデータこそが廃棄物最終処分場の維持管理の
適正化や将来予測に重要なものです。例えば，搬入廃棄物の種類や量で
あったり，埋立廃棄物から発生する汚水の情報であったり，他にも汚水を
清浄なものにするための水処理施設の点検日報であったりします。これら
の記録は義務ではないので，データの記録形式は処分場独自で多様です。
またデータをまとめる頻度も日レベル，月レベル，年レベルなど異なりま
す。いかなる記録形式にも対応し，最終的に一元管理し得るデータベース
の枠組みを先に設計する必要があります。

　また後段に述べるデータの可視化や統計分析を行う際には，実務者のも
つ実測データのみでは不十分な場合があります。例えば埋立廃棄物から発
生する汚水は，先の第 2 章で示したように埋立廃棄物の種類のみならず当
該地に降る雨量やそのパターンに左右されるため，統計分析や将来予測の
ために不足している情報は研究者によって補填し，実務者のもつ実測デー
タに連結しなければなりません。このようにお互いの技術や情報を出し合
うことで，実務者がもつ実測データの価値を高めることができ，より多く

の実務者の参画を通じてさらなる連携強化と技術開発の加速化が期待できるでしょう。その概念図を図 3.3 に示します。

図 3.3　研究者と実務者のもつ情報を対話型プラットフォームに集約

　図 3.3 は，対話型プラットフォーム（本節に限って言えばデータベースアプリ）に対する入力と出力の関係を示しています。収集対象となる情報は，研究者サイドでは (1) 研究者自身によって測定したデータ，(2) 降雨，温度，大気圧等の気象データ，一方実務者サイドでは (3) 最終処分場の構造を示す図面，(4) 搬入廃棄物の組成や量，(5) 法定項目のみならずその他自主的に行った実測データ等が挙げられます。これらが対話型プラットフォームに与える入力条件となります。図面を除けば，その他は時系列で得られるデータであるのでひとつのマトリックスに収めることができます。実測データをマトリックス状に整理するための代表的なソフトウェアに Microsoft Excel があります。

　図 3.4 は，収集する実測データのうち時系列データを，データベースアプリ内ではどのように整理しているのかを説明したものです。Microsoft Excel で整理する場合を説明します。まず，A 列のラベルを日付として，全データに出現する日付を昇順で書き出します。Excel にある unique 関数やソート機能が活用できるでしょう。B 列以降のラベルには pH や

COD，Ca，Cl，EC 等の水質項目を設定して，日付に対応する値を埋めていきます。この作業には操作上の工夫を要しますが，xlookup 関数などが活用できます。他の搬入廃棄物や気象データについては，同様に C 列以降に追加しても構いませんが，それぞれの実測データの時間分解能は異なることに注意が必要です。具体的に言えば，B 列にある水質項目の測定頻度は処分場によってさまざまですが専門機関に検液を送付して測定依頼をすることが多いので，年数回，多いところで月 1 回です。一方で，搬入廃棄物のデータは日報として得られるので 1 日ごとにデータが積み上がります。気象データについては 10 分間ごと，1 時間ごと，もしくは 1 日ごとにデータが積み上がりますので，このような時間分解能の異なるデータをひとつのマトリックスに収めた場合，列数よりも行数の方が極端に多くなり，ほとんどの要素が空欄になってしまいます。

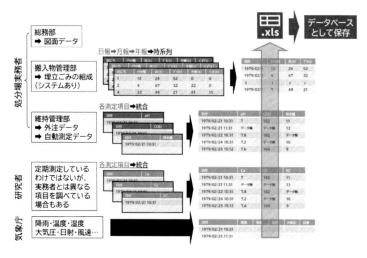

図 3.4　時系列データを結合しひとつの最終処分場のデータセットとする

　このようにひとつのマトリックスでひとつの最終処分場のデータを管理すると，データの構造が単純で分かりやすい反面，ほとんどの要素が空欄のデータベースとなってしまいます。読み込むのに時間がかかりユーザビ

リティの面で不便になりますので，実測データをどのような枠組みに蓄積していくのかはデータベースソフトとの相性を考えて決定するのが望ましいと考えられます。

ここでは実測データの集約の仕方として，代表的なソフトウェアである Microsoft Excel を例にして説明しました。Excel は幅広いユーザーに利用されているのでデータの共有と利活用が図りやすいですが，データベースとしての利用には向いていません。例えば，巨大なデータベースから所定条件に合致するレコードを抽出し新しいテーブルを作成するような作業は，Excel では比較的長い処理時間を要します。最終的なデータの操作性を見据えると，最初からデータベース向けに設計された Microsoft Access や My SQL，PostgreSQL 等に出力できるようなデータベースの枠組みを準備しておくべきでしょう。もちろん実現可能性を模索する段階では使い慣れた Excel で進めた方が開発側としては便利な場合もあります。

他にも，データベースとしての操作性ではなく，可視化や統計分析の点から，開発ソフトウェアの選定も重要です。Access 等はデータベース開発用として知られたソフトウェアですが，そのデータを可視化することや，統計分析時に必要となるデータベース間での数値演算まで得意とするものではありません。開発の段階に応じてソフトウェアを使い分ける他，終始一貫して C 言語や Java 等でプログラミングに徹することも選択肢としては考えられます。

本開発では，MATLAB と呼ばれるプログラミング言語を使用しています。この MATLAB は MATrix LABoratory の頭文字から命名されており，科学技術計算に強く，特に行列の扱いに長けその処理速度が優れている特徴があります。1984 年から開発が始まり，現在では 50 種類以上の追加オプションが整備され，文系理系等の分野問わずより幅広いユーザーから支持を得ているものです。本開発ではデータベースを構築し，データ分析のための可視化や統計分析を行い，最終的には Web アプリとして配信することを想定していますので，MATLAB の追加オプションである「Database Toolbox」，「Statistics and Machine Learning Toolbox」，「MATLAB Web App Server」を併用しています [2]。

　MATLAB は先述のとおり行列形式でのデータの扱いを得意としますので, 得られた実測データは, 例えば搬入廃棄物の情報を収めたマトリックス, 水質の情報を収めたマトリックス, 気象情報を収めたマトリックス等のようにマトリックスが不必要に巨大化しないように情報の種類別に分けて保存することで, ユーザーが使用する際のこれらマトリックスの読込速度を高める工夫ができます。ユーザーが Web アプリ上で所定操作を与えた際にのみ, 必要に応じてこれらのマトリックスを結合し, 俯瞰的なデータの可視化や統計分析を行います。こうした視点から開発を進めているデータベースアプリの例を図 3.5 に示します。

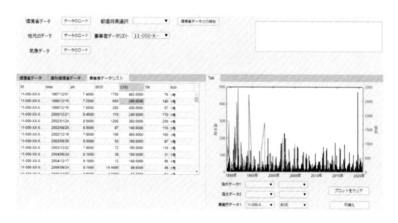

図 3.5　開発中のデータベース Web アプリの画面

3.5.2　将来予測シミュレーションアプリ

　データ管理だけでなく将来予測シミュレーションも, 実務者に提供可能な技術のひとつです。特に CAE アプリの作成は, 現在多くの数値解析ソフトウェアに実装されている機能のひとつです。ここでは COMSOL Multiphysics の追加オプションである COMSOL Server[3] を使用して Web アプリを開発している事例を紹介します。

　廃棄物最終処分場将来予測シミュレーションの Web アプリの設計では, ユーザーは研究者ではなく, 実務者であることに注意しなければなり

ません。数値解析または数値解析ソフトウェアには，ただでさえ難解な専門用語や多くの設定項目がありますので，実務者の目線に立って設計を行い，取り掛かりやすくまた使いやすい Web アプリに仕上げる必要があります。留意する主な点は，

- モデルは極限まで単純化すること
- 研究者にしか分からないような専門用語は用いないこと
- 最少の手数で目的のシミュレーションが行えること

です。これらの点に留意すべき主な理由は，データベースアプリや将来予測シミュレーションアプリを，実務者からの研究協力を得るためのきっかけとして位置付けていますので，これらのアプリが実用面からかけ離れていたりユーザビリティに配慮のかけたものであったりすれば，実務者にとってマイナス印象となり研究協力の道が閉ざされてしまうためです。実務者に対して研究協力を依頼できる機会は限られていますので，その貴重な一回で，研究協力を動機づけるような印象付けを行い，将来予測シミュレーションの較正に必要な実測データの収集につなげなければなりません。上記 3 点はユーザビリティを確保するための最も基本的事項ですが，開発者側に立つと往々にして忘れてしまうものです。ニールセン 10 箇条 [4] や System Usability Scale[5] を参考にして，現在の開発段階で遵守すべき事項を絞り込み，念頭に置いて開発を進めるのが肝要です。

　留意点の一つである「モデルを極限まで単純化する」意図は，難しいモデルはパラメータ数が多くなり実用面からかけ離れるためです。他にも，計算時間が長くなり実務者が試行錯誤できない使い勝手の悪いアプリとなるのを防ぐためでもあります。実務者個人で調べれば理解し得る，教科書に記載されているような最も基本的なモデル（第 2 章に示した浸透流方程式や移流分散方程式）が望ましいです。古くから世界中で利用されているのでモデルパラメータの精緻化も進んでおり，シミュレーションの対象に合わせたパラメータ選定が行えます。逆に，このような基本モデルでは廃棄物最終処分場内の自然現象を捉えきれない可能性は十分に考えられますが，3.3 節に示した実測データに基づいたモデルの較正を随時行うことで担保できます。従来のように将来予測を物理シミュレーションの一方向か

ら頑張ってアプローチしなくても，データサイエンスの登場によって実測データを有効活用することで物理シミュレーションで予測困難な事象を補うことができるということです。したがって，図 3.1 に示すような双方向からのアプローチは実務への早期展開が期待できます。

図 3.6 は将来予測シミュレーションアプリの例です。これは，後述する

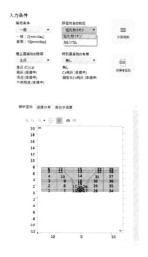

(a) 入力条件の設定

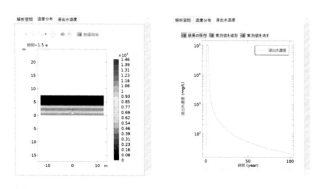

(b) 処分場内濃度分布の予測結果　　(c) 集排水管内の濃度予測の結果

図 3.6　開発中のシミュレーション Web アプリの画面

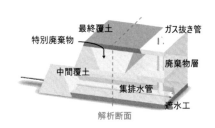

(a) 計算対象のイメージ

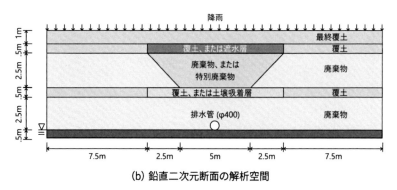

(b) 鉛直二次元断面の解析空間

図 3.7　例題で取り上げている解析空間に対する説明

実務者向け合同研修会に用いたものです。このアプリを開けると図 3.6(a) のような画面が立ち上がり，画面上部には将来予測シミュレーションに与える条件を設定するプルダウンメニューがあります。画面下部には「解析空間」「濃度分布」「浸出水濃度」のタブがあり，シミュレーション対象の場とそれに対する計算結果をビジュアル化し表示しています。この例では，図 3.7(a) のような廃棄物最終処分場を想定しています。このうち破線部分の断面を図 3.7(b) のように切り出し，鉛直二次元断面を解析空間として扱いその大きさを幅 25 m× 高さ 7.5 m と与えています。廃棄物埋立層の高さは 2.5 m とし，その上に厚さ 0.5 m の中間覆土で覆ったところまでを単位層と考えると，この解析例では廃棄物埋立層が二段構造となっており（すなわち，廃棄物埋立層とその上の中間覆土を単位層として，最下部に第一段目を設け，それが積み終わった後にその上に第二段目

を設けています），廃棄物最終処分場の表面に，厚さ 1.0 m の最終覆土を
与えた場となっています。解析空間の中央下には紙面の手前方向から奥行
き方向に向けて集排水管が敷設されており，この例ではその先にある水処
理施設に流れる濃度を予測します。

　第 2 章と同じように，集排水管に流れる浸出水の濃度の経年変化を予測
します。基礎方程式は式 (2.10) と式 (2.19) で示される浸透流方程式と移
流分散方程式を用いますが，これは実務者にとっては必ずしも知るべき情
報ではないので，アプリ上ではこうした不要な情報は載せないようにしま
す。ただし降雨浸透境界のように，境界に与えるべき降雨量は実務者側で
コントロールしたいパラメータであるため，図 3.6(a) 左上にある「降雨
条件」のように，アプリ上で設定できるようにします。特に降雨量として
現実的な設定ができるように，数値ではなくプルダウンメニュー形式で，
例えば「一般」「豪雨」といったリストから選択できるような工夫を行っ
ています。

　他にも評価対象とする化学物質の種類や，埋立廃棄物の種類など実務者
がコントロールしたいと思われるものは，同様にプルダウンメニュー形式
で与えるようにしています。この事例では，評価対象とする化学物質の種
類には「塩化物イオン」や「カルシウム」を選択できるようにしています
が，その選択により行われる内部処理は，対象とする化学物質に応じて
解くべき基礎方程式を変更しています（例えば，解くべき基礎方程式を
式 (2.30) または式 (2.31) のいずれかに切り替えるようなイメージです）。
また，埋立廃棄物の種類では「主灰」，「飛灰」，「汚泥」，または「不燃残
渣」が選択可能であり，具体的な内部処理は図 2.10 に示すようなシリア
ルバッチ溶出試験結果を，各廃棄物に応じてパラメータ（初期溶出速度 K
と溶出指数 a）として与えています。

　以上のように，シミュレーションの条件をプルダウンメニューから選択
し，図 3.6(a) 右上にある「計算実行」のボタンを押すと計算が始まりま
す。計算完了後には，アプリ画面下部にある「濃度分布」「浸出水濃度」
のタブにそれぞれ計算結果が示されます。

　図 3.6(b) は「濃度分布」のタブに示される計算結果であり，解析空間
中の濃度分布を示しコントラストは濃度の大小を表しています。今回の例

では 1.5 年後の予測結果を示していて，雨水が継続して地表面から浸透することで地表付近にある廃棄物に雨水が接触して廃棄物に含まれる化学物質が溶出し，それが下方へと洗い流されている様子が分かります。また 1.5 年後ではなく，他の経過年後の予測結果を見たい場合は，画面右上の「動画開始」を押すことで初期状態から 100 年度までの予測結果を動画で閲覧でき，注目したい経過年数のところで画面をクリックすれば動画を停止できます。なお，年を表す単位として英語の year の頭文字をとって y と表す他にも，ラテン語の annum の頭文字をとって a と表す場合もあります。

　また，図 3.6(c) は「浸出水濃度」のタブに示される計算結果であり，計算された濃度分布から集排水管に位置する箇所の濃度をピックアップしそれを時系列に表示したものです。すなわち，横軸は経過年数であり，縦軸は集排水管内の化学物質濃度です。水処理施設に大きな負荷がかかるのは最初の数年間であり，その後は雨水による洗い流しが進むことで濃度は徐々に低下します。こうした計算から得られる情報は，水処理施設の設計や維持管理に大きく役立ちます。例えば，最大濃度の情報は水処理施設に備えるべき性能を規定する上では不可欠であり，また濃度が時間とともにどのように低下するのかは水処理施設の維持管理が何年間に及ぶのか，さらにどの程度のランニングコストを要するのか等の見積もりを得ることができます。

　これらの結果は，埋立廃棄物の種類や現地に降る雨水量，処理対象とする化学物質の種類，さらには廃棄物最終処分場の幾何条件に左右されます。将来予測シミュレーションアプリを精緻に調整して活用することで，水処理施設の設計や維持管理をより適切に行うことができると考えられます。

　また，本アプリでは前述のとおり実務者の目線に立ち，彼らにとって不必要な情報は載せず，彼らがコントロールを望むパラメータについてはプルダウンメニュー形式で選択できるようにしています。これは操作性の向上といったメリットがある他，エラーの防止に有効だと考えられます。例えば，シミュレーションの計算が発散しないようなパラメータの値域に限定することができます。その他，本来ならば計算に与えるパラメータの値

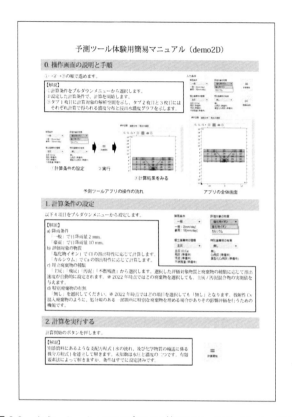

図 3.8　シミュレーションアプリ用の簡易マニュアル（1 ページ目）

は単位換算に注意する必要がありますが，単位換算済みの値をプルダウン
メニューから選択させることでヒューマンエラーを減らすこともできま
す。さらに，計算結果に対して疑問がある場合や計算を上手に動かすこと
ができない場合に備えて，即座に研究者に相談できるよう，ユーザーが設
定した計算条件を研究者に転送する機能も備えています（図 3.6(a) 右の
「結果の送信」のボタン）。こうしたフィードバック機能はユーザーが悩ん
でいる箇所を具体的に把握することができ，オンラインならではの特長と
言えます。ユーザビリティの改善に役立ち，より使いやすくまた実務者に
とって効果的なアプリへと開発を加速させるでしょう。

　当該アプリの簡易マニュアルの例を図 3.8 と図 3.9 に示します。廃棄物最終処分場の実務者向けに作成したものであり，詳しい理論解説はなしにして，すぐにアプリが使用できるよう最小限のボリュームで，読みやすいマニュアルになるようデザインに配慮しました。なお，詳しい理論解説は別途参考資料として用意しました（図 3.10）。こちらは初めて廃棄物の埋立処分に関わる方や転職または異動されてきた方をターゲットと想定して，理系大学生向けの講義をイメージして作成しました。

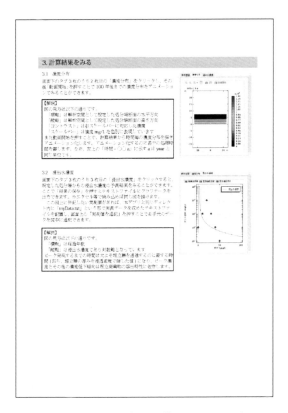

図 3.9　シミュレーションアプリ用の簡易マニュアル（2 ページ目）

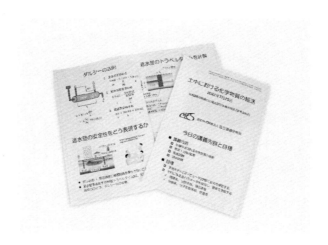

図 3.10　シミュレーションアプリの理論解説のために作成した参考資料

3.5.3　実務者向け合同研修会の実施

　浸出水濃度の実測データや付随する廃棄物最終処分場の諸元等の情報収集は，研究者個人で実務者にアプローチすることのみならず，協力機関を経由することで効率的に行っています。関係団体のネットワーク（例えば，全国環境研協議会，埼玉県内最終処分場設置団体連携会議，廃棄物資源循環学会埋立処理処分研究部会等）に協力を得て，特に筆者の所属する国立環境研究所から地理的に近い処分場からアプローチを開始しています。

　廃棄物最終処分場の維持管理には膨大な費用がかかりますので，一刻も早くその負担が軽減できるように，データベースアプリや将来予測シミュレーションアプリが管理や意思決定の一助となることを念頭に開発を進めています。そのために県担当者と連携して実務者との対話を行う研修会や意見交換会，個別打合せ等を数多く企画しています。実務者の方々にとって短時間の拘束時間で済むように，開発を進める上での対話型プラットフォームの紹介パンフレット（図3.11）を作成し，これらの企画が最終処分場の長期的な管理のために有益な知識が得られる場であることが分かるように努めています。

図 3.11　実務者に協力を呼びかけるために作成した対話型プラットフォーム
の紹介パンフレット

　図 3.12 は意見交換会での冒頭に行っている話題提供の様子です。研究
者や県職員，または注目するような事例をもつ実務者等から廃棄物最終処
分場についての科学や動向，および実態を，やさしい内容かつ短い時間で
プレゼンテーションすることから開始しており，後の意見交換会が活発に
なるような流れを意識しています。

図 3.12　廃棄物最終処分場実務者に向けた意見交換会での話題提供の様子

　図 3.13 は開発中の Web アプリを実際に体験するための研修会の様子です。参加者全員が実際に手で触ってアプリを動かし，どのような流れでデータベースまたはシミュレーションを使うのかを体験するものです。ただ全員が Web アプリに同時にアクセスすると，Web アプリを載せているサーバーに著しい負荷がかかり不測のトラブルによって研修自体が失敗に終わる恐れが考えられますので，こうした合同研修会では Web アプリは事前に手元のノートパソコンにインストールしておき，参加者が Web にアクセスすることなくオフラインで快適に操作できるようにしています（ただし講師のノートパソコンでは，実際に対話型プラットフォームにログインし，そこから Web アプリにアクセスしその上で操作を行います）。研修会でも当該のアプリが最少の手数で目的を達成できることをアピールするために，講師による操作説明とデモンストレーションは短く終えています。図 3.9 と図 3.10 に示した簡易マニュアルの流れに従って操作説明を行い，残す時間は各実務者の好きな条件でシミュレーションを実施するための時間に充てています。

図 3.13　廃棄物最終処分場実務者に向けた Web アプリ体験会の様子

　こうした意見交換会や研修会の幹事は現在，県担当者主体で進めています。しかし参画する実務者は多いので，一方向からのニーズに偏らず双方

向から必要な知識と情報を蓄積するためにも，今後持ち回りで進めることも検討しています。

　意見交換会や研修会では，ヒアリングを受けていただいた実務者，および意見交換会や研修会等に参加いただいた実務者からのフィードバックが得られるように，日常業務での悩みや研究者側に期待すること等のアンケートを実施しています。近年では自然言語処理の発展も目覚ましいので，従来行っていた議事録の配布にとどまらず，自然言語処理を通じて客観的なサマリーを全員で共有しています。これにより，研究者と実務者をつなぐための対話型プラットフォームについても，人間中心設計の視点に基づきユーザビリティの客観的評価と改善を随時行っています。

3.6　実務者からの意見集約，分析，フィードバック

　当該の Web アプリをはじめとする対話型プラットフォームが廃棄物最終処分場の適正管理や廃止の検討に対して有益なものになるよう改良するために，ユーザビリティ評価の手法のひとつである場面想定法 [6] に基づいて，実務者からのフィードバックを得ていきます。

　図 3.14 はフィードバックを得るための事前説明資料の一例です。開発を加速させるような良い意見をもらうためには，実務者に対して当該のWeb アプリの利用状況と利用シナリオの説明が必要です。利用シナリオとは，例えば

① 「廃棄物最終処分場の維持管理はいつまで続くのかな？」といったきっかけを設定し，
② 「過去のデータを見返して，他の類似事例を探してみよう」のような具体的なアクションを想定し，
③ ブレークスルーとなる Web アプリを用いることで「このような将来をたどる可能性があるんだ」と知り，
④ ユーザー側が得られる効果「私たちの廃棄物最終処分場も早めの対策

を講じる必要がありそうだ。そのためには関係者内で詳しい議論の展
開を進めよう」を得る

という流れのことを指します。利用シナリオにはいくつものパターンが想
定されますので，実務者に前提条件を統一してもらうことで，研究者が欲
する意見や要望等を得やすくする必要があります。そのためには実務者誰
にでも同じ説明を行うことが必要となるため，図 3.14 のような説明資料
を作成しました。当該 Web アプリ導入前の状況がどうなのか（過去），開
発した Web アプリをどのように運用するのか（現在），それによって期待
される将来（未来）を，どの実務者からも共通の認識をもった上でフィー
ドバックが得られるように，土台を整えることが重要だと考えています。

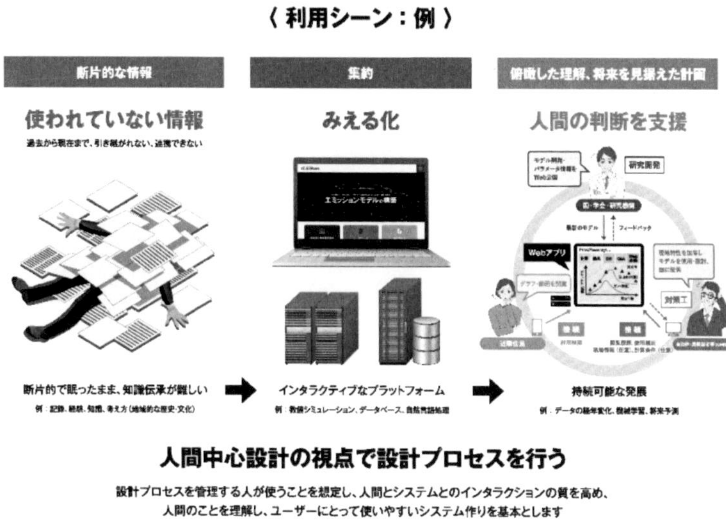

図 3.14　ユーザーからのフィードバックを得るための事前説明資料

　得られたフィードバックの集約例を示します。図 3.15 は，ある時期
に開催した意見交換会終了後に配布したアンケートの自由記述欄に書か
れた内容約 2800 文字を機械的にテキストマイニングし，そのサマリー
を Word2Vec 図 [7] として表したものです。Word2Vec とは自然言語処

理の手法のひとつであり，単語を空間内にマッピングし，単語同士の近さ
（類似度）を視覚的に表現するものです。簡単に言い換えれば，与えた文
書に含まれる単語間での相関の強さをグラフ上の幾何距離によって表すも
のです。

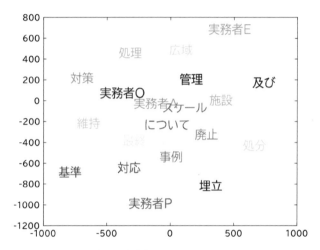

図 3.15　ある時期に開催した廃棄物最終処分場管理者との意見交換会で出席
者に対して当該会議への動機，質問，要望等をヒアリングした結果

　当該のアンケートでは「スケール」が頻出単語であり，特に実務者 A
が悩んでいる課題です。同時に管理や施設，廃止，事例といった単語にも
近傍していることが分かります。これは実務者 A にとってスケールのみ
ならず，廃止や維持管理に関しても課題として悩んでいることを意味して
おり，その近くに分布している実務者 O でも類似した課題に直面してい
ることが分かります。また，実務者 E は施設の老朽化や維持管理等の長
期的課題に関心がある一方で，実務者 P は基準や対応に係る知識習得に
関心があることが伺えます。
　このように，自然言語処理は大量のアンケート結果を機械的に要約する
ことができます。最終処分場の管理に応用する利点は，実務者同士の類似
度（ワードクラウド）や高頻出単語から低頻出単語へのフロー図（共起

ネットワーク）を可視化できることです。数十年にもわたる長い維持管理のなかで異動等によって担当者が変更されることがあっても，これまでの変遷を俯瞰したイメージとして理解でき，大量の既存文書を読み返す手間がいくらか省力化できるものと考えられます。また，経年や季節変動による意識変化を実務者の属性（所属，役職，年齢，略歴など）に応じて調べることにも応用できると考えられます。さらには，当該の Web アプリ導入前後での意識変化を客観的に調べるための有力な手段になり得るでしょう。

　図 3.16 は，廃棄物最終処分場の実測データや関連情報の集約を進めるにあたり，実務者に対して情報の提供を促す方法を検討した事例です。具体的には，実務者がこうした情報の提供に対して二の足を踏む理由をヒアリングしその要因を除去することで，情報集約の加速化を狙ったものです。結果は，「データ提供側が作業量を見積もるために，要求するデータの種類と量を明示してほしい」との意見が最も多く，次いで「提供した

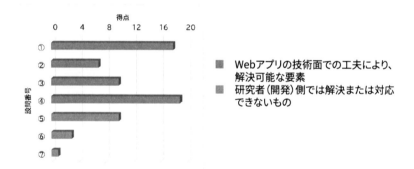

① データを提供した場合に、万が一第三者にわたった際の風評被害を恐れている
② データが何に活かされるのかイメージできないので、モチベーションが上がらない
③ データの所在はわかるが、提供するまでの資料集めとデータ整理が面倒で、その時間も無い
④ データのうち、どこの何がほしいのか具体的に示してもらわないと必要な作業量が見積れない
⑤ 研究者（開発側）が必要とする情報やデータの所在がそもそもわからない
⑥ データを提供するまでの決裁ルートが無い、もしくは面倒である
⑦ その他

図 3.16　実務者が情報の提供に対して二の足を踏む理由

データが独り歩きして風評被害等を招かないようなセキュリティや秘密保持を説明してほしい」との意見が多く見られました。他にも「担当者の入れ替わりの多い職場の中でデータの所在が分からなくなってしまった」との理由で情報の提供が困難になっている状況も確認できました。いずれの課題も技術的な改良によって解決が可能なものであり，対話型プラットフォームの具体化とさらなる改善を進めるとともに，実演または体験を通じて，情報の提供に対する実務者の意識変化が図れるものだと考えています。

　また，シミュレーションアプリの研修会では，図 3.17 に示す感想が得られました。アンケートに回答した実務者のうち，こうした Web ツールを必要とする方は 95 ％ を占めており，またアプリでの計算で用いている理論に係る口頭解説が必要と回答したのは 90 ％ でした。これは，このような研修会を通じて研究者と実務者がもつお互いの知識や情報を共有し活用したいという意識が顕著に現れている結果であり，連携強化に向けて着実なアプローチができていると考えられます。一方で，理論に係るレジュメ内容については，「分かりやすい」「やや分かりやすい」と「やや分かりにくい」「分かりにくい」がどちらも 7 人ずつであり，さらに分かりやすいものにする必要があることが分かりました。今回のレジュメ内容は研究者側で可能なかぎり分かりやすく作成したつもりですが，実務者側は分野問わず幅広い方々が参加されているので，レジュメの作成には研究者のみならず，実務者からの感想や助言を踏まえて，さらには日々多くの情報を発信している新聞社や出版社等からの支援または指導を受け，情報発信のノウハウを積むことも重要であると感じています。

① ツール等を体験学習する必要性

とても必要	やや必要	必要ない
9人	9人	1人

② 研修時間（今回は20分程度）

長すぎる	やや長すぎる	ちょうど良い	やや短すぎる	短すぎる
1人	0人	14人	3人	1人

③ ツールの使いやすさ

使いやすい	やや使いやすい	普通	やや使いにくい	使いにくい
4人	8人	5人	1人	0人

④ ツールの操作マニュアル

分かりやすい	やや分かりやすい	普通	やや分かりにくい	分かりにくい
4人	6人	7人	2人	0人

⑤ 理論に係るレジュメ内容

分かりやすい	やや分かりやすい	普通	やや分かりにくい	分かりにくい
3人	4人	5人	6人	1人

⑥ 理論に係る口頭解説（講義）の必要性

とても必要	やや必要	必要ない
7人	10人	2人

⑦ 自由記述欄

機能が追加され、より現実に近い形になっていくと、このツールの重要度が増していくのかなと思う
理論を理解するのにはもう少し勉強しないと難しいが、ツールは活用させて頂きたいと思います
実務でどのように使うのかを個別相談
個別相談の時間が欲しい。専門用語が多いので詳しい解説がほしい
いつ廃止基準を下回ったのかが表示されると分かり易いと感じた
処分場面積、深さ、容積、埋立物の種類、量が選択できると更に現実味がでて良いと思います
画面上の文字サイズUP、結果グラフのサイズ調整、ブラウザ上での起動が大変良い
色を取り入れると見やすい、csv出力、予測結果と実測値の差・信頼度・有用度・的中度等の指標がほしい
理論上の話を時間をかけて伺ってみたい

図 3.17　シミュレーションアプリ研修会参加者（実務者）からの感想

参考文献

[1] Wilke, J. R.: Retailing: Supercomputers Manage Holiday Stock, *Wall Street Journal*, 23-Dec B1 (1992).

[2] MATLAB 製品・サービス.
https://jp.mathworks.com/products.html（2023 年 7 月 28 日参照）.

[3] COMSOL Software Product Suite.
https://www.comsol.jp/products（2023 年 7 月 28 日参照）

[4] ニールセン：『ユーザビリティエンジニアリング原論 ユーザーのためのインタフェースデザイン』，東京電機大学出版局 (2022). ISBN: 9784501532000.

[5] Brooke, J.: *SUS: A 'Quick and Dirty' Usability Scale*, CRC Press (1996). ISBN:

9780429157011.Wilke, J. R. (1992): Retailing: Supercomputers manage holiday stock. Wall Street Journal, 23-Dec, B1.

[6]　伊藤泰久, 吉田高雄: 概念ステージのユーザシナリオに対する経験意欲を評価する方法,『ヒューマンインターフェースシンポジウム』, pp.795-798 (2005).

[7]　Mikolov, T., Chen, K., Corrado, G. and Dean, J.: Efficient Estimation of Word Representations in Vector Space, *Computation and Language* (2013)
https://doi.org/10.48550/arXiv.1301.3781（2023 年 7 月 28 日参照）

第**4**章

水処理設計と
その支援のための
CAEアプリ開発

　本章では，水処理施設における排水処理に焦点を当て，その基本的な処理フローと設計に係る基本的な考え方を概説し，現場ごとに異なる水質や水量，条件に応じて最適な水処理を提供するための CAE アプリ (Computer-Aided Engineering) 開発について紹介します。

　水処理で最も大切なことは，施設の処理性能を最大限に発揮できるように，本格的な処理の前に，汚水を処理しやすい条件に調整しておくことです。この事前調整のことを前処理と呼びます。前処理には，前章までに示した汚水の水質や水量の情報に加えて，汚水に対して薬剤を適量添加し偏りなく混合することが求められます。前処理においては，前処理槽内で生じる化学反応のみならず，撹拌に伴う流体の動き，モニタリングのための計器の設置位置についても留意する必要があります。

　こうした複雑で多くの設計項目でさえも，CAE アプリ内で一元管理できます。さらに，汚水の条件に加えて，水槽の大きさ，撹拌方法，薬剤の使用量等の処理条件を入力することで期待される水処理の効果を可視化しています。多くのエンジニアが利用でき，依頼主となる経営者の意見や要望を反映してともに設計を進めることが可能となるでしょう。

4.1　水処理の概要

　水は大気中に水蒸気として蒸発して雲を形成し，降水として地表に戻り，川や湖，地下水として蓄えられ，再び蒸発へと進みます。このようなプロセスの途中において人間や動植物は水を利用することになりますが，彼らの活動のなかで少なからず水を汚してしまいます。汚水のまま水が循環すれば汚濁物質は環境に残り蓄積するので，不衛生な環境となり生態系は崩れてしまうことでしょう。したがって，汚水を清浄にするための水処理は，地球上の水資源を保護し健全に循環させるために不可欠な技術であり生態系とその環境を維持する上で重要な役割を果たしています。

　本節では水処理の背景と基本的なフロー，設計の考え方，課題について概説します。

4.1.1 排水処理の背景と基本フロー

18 世紀後半に始まった工業とエネルギーのイノベーションである「産業革命」によって，社会は「農耕社会」から「工業社会」へシフトし，我々の生活を豊かにする大きな恩恵をもたらしました。この工業社会は約2 世紀の間，社会を大きく発展させましたが，環境・公害問題を引き起こし，企業の環境に対する意識やビジネスのあり方も変革せざるを得なくなりました。水質汚濁防止法は，1970 年に公布された産業からの排水などによる水質汚濁を防止し，日本国民の健康と生活環境を保全するために作られた法律です。この水質汚濁防止法によって，工場や事業所の排水に対する全国一律の基準と，有害物質や排水量などの規制も行われ，排水に起因する健康被害が発生した場合の賠償責任について定められました。

こうした背景により排水処理の技術は大きく進歩し，現代では，処理した排水を再度利用するような，最適化された処理フローまで進化しました。図 4.1 に，筆者が所属する会社（以降「当社」とします）における排水回収設備のフローの例について示します。

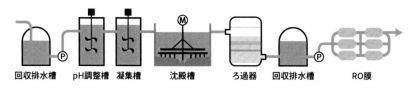

回収排水槽　pH調整槽　凝集槽　　沈殿槽　　ろ過器　回収排水槽　　RO膜

図 4.1　排水回収設備フロー例

工場や事業所から排出された排水は，一度回収排水槽で受け，その後，後段に述べる処理に適した水質にするために，酸やアルカリを添加してpH を調整します。凝集槽では，水中に浮遊している濁質を除去するために，水酸化アルミニウムなどの凝集剤を添加し，濁質の塊（フロック）を形成させます。こうすることで，水中に分散していた濁質が沈殿しやすくなり，次の凝集槽で固液分離が容易となります。その処理水をろ過して，沈殿しきらなかったフロックを除去し，逆浸透膜（RO 膜）で処理することで，排水を回収することができます。このフローはあくまで一例であ

り，排水処理の内容は，出てくる処理水の水質や，回収する処理水のレベルによって大きく異なります。つまり，排水処理設備の構成は，現場によって多種多様であり，さまざまな要因を十分に考慮した上で，適したフローを構築することが不可欠です。

4.1.2　前処理：pH 調整について

4.1.1 項で示したように，排水処理では，各現場における排水の性質によって処理フローが大きく異なります。各水処理装置の性能を十分に引き出すためには，各装置に適した水質に調整するための前処理が重要となります。本節では，その前処理の中の pH 調整について紹介します。

pH は水中の水素イオン (H^+) 濃度を示す数値で，排水処理においては非常に重要なパラメータとなります。一般的に，金属イオンを含む水は酸性 (pH<7) ですが，アルカリを加えて pH を上げていくと水中の金属イオンは水酸化物を生じて析出しやすくなり，凝集処理が容易になります。なお，化学物質の種類によって適した pH は異なる場合があります。例えば，ある製鉄所からの排水に第一鉄イオンが含まれているとします。第一鉄イオンを除去するためには pH を 9 以上にすることが必要ですが，水中に空気を吹き込む（ばっ気）ことで酸化第二鉄にすると，pH は 7 程度で除去することが可能となります。他にも，危険な重金属イオンである六価クロムは 6 価の状態では水酸化物を形成しないので，還元剤を用いて 3 価にしてから，水酸化クロムとして除去できるようにします。この還元剤によるクロムイオンの価数の減少は，酸性条件下で処理を行う必要があります。このように pH 調整によって水中の金属イオンを除去するため，pH 調整は非常に重要な前処理となります。

一般的に，水処理における流入水は大気中の二酸化炭素 (CO_2) が溶解して，炭酸溶液になっています。この炭酸は多段解離することや，緩衝作用を示して中和反応の理論に従わない挙動を示すことがあり，pH 調整を複雑にする要因です。例えば，炭酸を含む水を水酸化ナトリウム水溶液で中和する例を考えます。炭酸は水中で 2 段の解離平衡となっています。

$$H_2CO_3 \rightleftharpoons H^+ + HCO_3^- \tag{4.1}$$

$$HCO_3^- \rightleftharpoons H^+ + CO_3^{2-} \tag{4.2}$$

また，物質収支と電気的中性の原理より次の 2 つの式を立式できます。

$$TIC = [H_2CO_3] + \left[HCO_3^-\right] + \left[CO_3^{2-}\right] \tag{4.3}$$

$$[H^+] + [Na^+] = [OH^-] + \left[HCO_3^-\right] + 2\left[CO_3^{2-}\right] \tag{4.4}$$

ここで，TIC (Total Inorganic Carbon)：全無機炭素量 (mol/L) を表します。

式 (4.1) と式 (4.2) の平衡定数の関係式と，式 (4.3) と式 (4.4) の 2 つの式，および水のイオン積から，pH に関する水素イオン濃度を導くための 4 次方程式は次のように得ることができます。

$$
\begin{aligned}
&[H^+]^4 + (K_{a1} + [Na^+])\,[H^+]^3 + (K_{a1}K_{a2} - K_{a1} \times TIC + K_{a1}\,[Na^+] \\
&-K_w)\,[H^+]^2 - (2K_{a1}K_{a2} \times TIC - K_{a1}K_{a2}\,[Na^+] \\
&+ K_{a1}K_w)\,[H^+] - K_{a1}K_{a2}K_w = 0
\end{aligned}
$$

$$\tag{4.5}$$

式 (4.5) は近似を用いて 2 次方程式に変換し，pH 計算することが一般的です。ここで，K_w：水のイオン積 $\left(= 1.0 \times 10^{-14}\,\mathrm{mol}^2/\mathrm{L}^2\right)$ を表します。

このように，炭酸の多段解離反応は pH 調整を複雑にします。また緩衝作用は pH 制御をさらに複雑にしますが，緩衝作用を考慮せずに酸やアルカリを添加すると想定とは異なる pH 挙動を示すことがあるため，繊細な pH 調整が必要となる場合等においては，トラブルを招く可能性が示唆されます。

この他にも，多くの検討事項が水処理には含まれており，それらを十分に考慮した上で排水処理フローを決める必要があります。

4.1.3 アプリケーションの活用によるさらなる発展

当社は，これまで多くの排水処理に関わってきました。そのため，多くの技術やノウハウを有し，現場に合わせた処理フローの設計・構築が可能です。この技術力をアプリケーションの活用によってより効果的にするために，アプリケーションの適用先について，いくつかの検討を行いました。

1.　設計での活用

当社では，これまでの技術ノウハウに基づいて，最適なフローになるよう水処理設備を設計します。しかし，現場のさまざまな制約によって，それらを臨機応変に変えていく必要が生じる場合もあります。そのような場合において，アプリケーションによる最適設計の支援を行うことにより，より価値の高い水処理設備の提案が可能となると考えられます。

2.　現場での活用

COMSOL Compiler で作成することのできるアプリケーションは，動作条件を満たしている PC であればライセンスフリーで使用することができるため，多くの関係者が，各自のパソコンにインストールして利用することが可能です。これまでの CAE 解析は，専門の担当者に依頼し，その後解析を始めるといった手順が必要でしたが，各自の現場において自分で解析を進められるため，効率的な解析および検討を行うことができます。

3.　技術ノウハウの伝承での活用

当社における技術ノウハウは書類等や直接の教育で伝承されていますが，アプリケーションによって，より効率的に後輩へ技術伝承することができます。書類などでは確認することのできなかった装置内部における流体の挙動も，アプリケーションによって可視化することができるため，現象をイメージしながら伝承を進めることができ，非常に理解が早まります。またアプリケーションによって，同じ条件であれば同じ結果が得られるため，教育者の依存性についても解消することができます。

4.2　アプリケーション紹介

　本節では，当社において実際に開発し，COMSOL Compiler でアプリケーション化した事例について紹介します。

4.2.1 pH調整槽設計支援ツール

(1) 目的

　pH 調整槽設計支援ツールは，pH 調整槽内に薬品を添加し，適切な pH へ調整するための槽の設計評価へ活用することを目的としたアプリケーションです。これまで示したように，水処理において pH は重要な制御項目であり，添加した薬品が十分に混合されるような槽構造や運転条件に設計する必要があります。pH の調整がうまくいかないと，後段での処理に大きな影響を及ぼし，処理水質の悪化につながってしまいます。図 4.2 に pH 調整槽の役割図を示します。

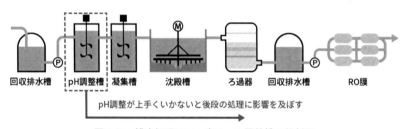

図 4.2　排水処理フロー内の pH 調整槽の役割図

　当社では，水処理装置の設計についてこれまで培った技術・経験・ノウハウによって，装置性能を発揮させることのできる基本的な構造を理解・把握していますが，各現場におけるさまざまな制約によって，基本設計を拡張し，現場に合った構造へ見直さざるを得ない状況が生じる場合もあります。そのような状況において，本アプリケーションは槽内や出口配管，測定機器部における薬品濃度分布を可視化し，最適な構造や稼働条件を探索することができます。これにより，現場に合わせたより効果的な水処理装置の構造を検討することができ，より高い価値を提供することが可能となります。

(2) 解析

　図 4.3 に本アプリケーションのインターフェースを示します。ユーザーはタンクの寸法や流入条件などを決められたフォーマット上に入力し，そ

のファイルをアプリケーションへインポートすることで，計算に必要な条件の入力が完了し，計算ボタンを押すことで解析がスタートします。槽の構造は，当社の基本的な槽構造に準拠しますが，ある程度の汎用性をもって，適宜変更することが可能です。計算終了後に，入力した条件に基づく結果が画面上に表示されるとともに，入力条件と結果を簡易的にまとめた報告書が出力されるようになっています。

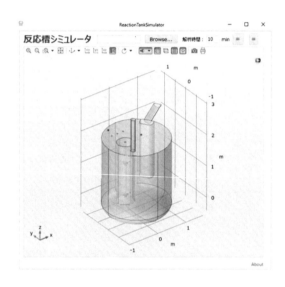

図 4.3　pH 調整槽設計支援ツールのインターフェース

　本アプリケーションで使用した COMSOL のフィジックスは，ミキサーモジュール，希釈種輸送モジュール，ODE モジュールです。各モジュールの本アプリケーションにおける役割を以下に示します。

1.　ミキサーモジュール

ミキサーモジュールは回転機構を有し，槽内を撹拌する際の流入水の流体を解析する役割を担っています。流体は乱流モデルを採用しています。撹拌のスピードは一定としているため，定常計算による解析を行い，その結

果を薬品添加における時間依存解析に引き継いでいます。

2. 希釈種輸送モジュール

希釈種輸送モジュールは，添加する薬品の混合状態を評価するために用います。添加した薬品の輸送特性は，ミキサーモジュールの結果に基づいて乱流混合を採用しています。薬品添加後の槽内における薬品濃度分布の時間変化を評価するため，時間依存の解析を行っています。

3. グローバル ODE および DAE インターフェース

グローバル ODE および DAE インターフェースでは，希釈種輸送モジュールで解析した槽内の薬品濃度分布の結果に基づき，薬品濃度からpH への変換計算を行います。本アプリケーションにおいては，流入水には炭酸が溶解していると仮定し，その炭酸による緩衝作用を考慮した計算をグローバル ODE および DAE インターフェースで行います。現場によっては，リン酸といった炭酸以外にも緩衝作用を示す物質の溶解も懸念されますが，本アプリケーションでは，炭酸による緩衝作用に限定しています。なお，流入水の炭酸に関する条件は，ユーザーが入力条件として自由に変更することができ，各現場の条件に合わせた解析が可能です。炭酸による緩衝作用の詳細については別の専門書をご参照ください。

また，電荷中和の原則を薬品の添加前と添加後において立式し，その 2 つの式をグローバル ODE および DAE インターフェースで解いています。薬品添加後の槽内の薬品濃度のデータは，希釈種輸送モジュールによる計算結果を用いています。なお，ODE とはOrdinary Differential Equation の略で常微分方程式を意味し，DAEとは Differential Algebraic Equation の略で微分代数方程式を意味します。

(3) 結果

　図 4.4 に，ある条件において解析した際の結果を示します。3D モデル図内のコンター図は薬品濃度分布を表しており，添加した薬品の混合状態を視覚的に理解することができるとともに，装置内でのショートパスや薬

品溜まりなどが発生していないかを評価することができます。3D モデル
図以外にも，測定機器設置箇所や出口配管における pH の時間変化を示し
たグラフによる評価も可能です。その結果を図 4.5 に示します。この結果
からは，測定機器設置箇所と出口における pH の差を評価することが可能
であり，最適な測定機器の設置位置や槽構造を見積もることができます。

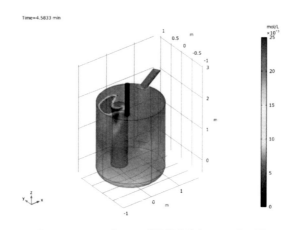

図 4.4　　3D モデルでの薬品濃度分布のコンター図

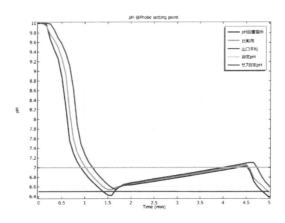

図 4.5　　測定機器設置箇所や出口配管における pH の時間変化グラフ

　図4.6では，測定機器設置箇所と出口におけるpHの差が大きい事例を
示しています。測定機器の位置が流入水入口と近いため正常にpH測定
ができず，出口において目的のpHになっていても，薬注を止めることが
できていません。このように，測定機器と出口のpHに乖離が生じると，
薬品の添加量が正しく算出できないため，添加量が過剰もしくは過小にな
り，後段の水処理に悪影響を及ぼす可能性があります。こうしたトラブル
を事前に回避することが本アプリケーションの強みです。また，その改善
策として，pH測定位置を変更する，撹拌力を上げてできるだけ槽内の薬
品分布を均一化し，出口のpHに近づけるといった対応が考えられます
が，それらの対応についてもアプリケーションで事前に評価し，適した対
応策を採用することができます。

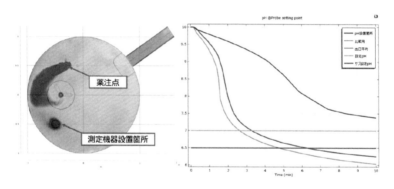

図4.6　測定機器設置箇所と出口配管におけるpHの乖離が大きいパターン

4.2.2　原水槽水量・濃度予測ツール

(1) 目的

　原水槽は，水処理設備から排出されるさまざまな排水を一時的に貯めて
おくバッファータンクのことです。図4.7に原水槽の役割図を示します。
　排水処理設備を安定的に稼働させるためには，原水槽内の水量と排水に
含まれる各物質濃度変化をできるだけ抑え，後段の処理が過負荷となる条
件を避けるように配慮する必要があります。しかし，実際の現場のプロセ
スにおいては，多くの種類の物質を含む排水が複雑な生産工程で流入する

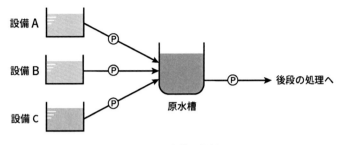

図 4.7　原水槽の役割図

ため，単純な計算だけでは水量や濃度が予測しづらい問題があります。また，依頼主（図 4.7 の設備 A〜C）の生産計画が急遽変更された場合，そのときの原水槽の状況に応じて最適な対応方法を検討する必要がありますが，経験の浅い技術者などは特に，対応策の立案に手間取ってしまうことが多く見受けられました。

　このような課題を，条件を入力するだけで原水槽の水量と濃度の時間変化を予測することができるアプリケーションの開発によって，解決することを試みました。また，本アプリケーションでは，原水槽の後段のタンクについても解析を実施することができ，各処理につながる中継槽における水量・物質濃度の管理も可能にします。

(2) 手法

　4.2.1 項で紹介した pH 調整槽設計支援ツールと同様に，決められたフォーマットに条件を入力してインポートし，解析ボタンを押すことで解析を行うことができます。図 4.8 にアプリケーションのインターフェースを示します。解析結果として原水槽の水量と各種濃度の時間変化のグラフを得ることができ，それらの情報を含んだ報告書（レポート）が，当社のフォーマットに準拠した形式で自動出力されるようになっています。本アプリケーションのユーザーは，依頼主と直接やり取りを実施する営業や技術，現場担当者を想定しているため，より多くの現場の条件に対応できるような汎用性の高い仕組みで構成し，解析時間もごく短時間で計算が完了するように工夫を加えています。

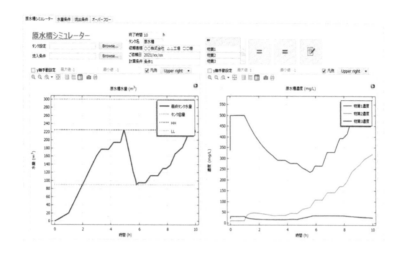

図 4.8　原水槽水量・濃度予測ツールのインターフェース

　本アプリケーションで使用した COMSOL のフィジックスは，グローバル ODE および DAE インターフェースとイベントインターフェースです。本アプリケーションにおけるそれぞれの役割を以下に示します。また，汎用性を高めるため Java メソッドで加えた工夫について紹介します。

1.　グローバル ODE および DAE インターフェース
グローバル ODE および DAE インターフェースでは，各槽の水量と物質濃度の変化を解析しています。水量と濃度に関して別々に立式し，各時間における解析結果を連成し，その結果が収束しているかを判定します。

2.　イベントインターフェース
イベントインターフェースでは，原水槽および後段の中継槽におけるポンプの発停を管理しています。運転条件として入力した各槽の上下限の水位に達したときに，ポンプを発停させて，槽内の原水量を変化させます。

3.　工夫した Java メソッド
水処理施設の設備は，現場によって大きく異なります。そのため，処理の

内容によって原水槽後段の中継槽の数は異なり，一意的に決めることはできません。同様に，原水に含まれる物質種の数も流動的です。1. と 2. でも示したように，各槽とインプットする条件の数に応じて立式するため，入力条件の数が流動的な点に工夫が必要でした。そこで，入力条件の数に応じて，立式する数を制御できる Java メソッドを作成する仕組みの構築を試みました。

(3) 結果

　サンプルとして，ある事例の結果を紹介します。ある現場の生産計画が変更となり，これまでの処理条件から大きく変更となりました。図 4.9 に示すように，何も調整しない場合は物質 1 の濃度が瞬間的に設定している閾値を逸脱してしまうことが分かりました。そこで，これまで余裕を見ていた原水槽のポンプ発停レベルとポンプの出力を見直し，生産計画に影響を与えずに，これまでどおりの処理を達成できるか評価しました。ポンプ発停レベルを 10%，ポンプ出力を 20% 増加させることで，図 4.10 に示すように，物質 1 の濃度逸脱は解消されることが，本アプリケーションに

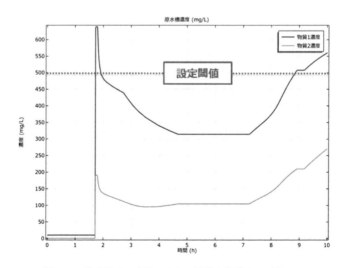

図 4.9　生産計画の変更により，閾値を逸脱するパターン

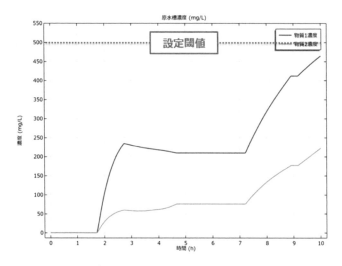

図 4.10　ポンプ発停レベルとポンプ出力調整後のグラフ

よって確認することができました。

　このように，本アプリケーションによって，原水槽および後段の中継槽
の水位レベル，濃度の管理を，誰でも簡便に行うことができます。また，
自動で出力される報告書で，すぐにその結果を共有することができます。

4.3　アプリケーションの課題と取り組み

　これまでに紹介したアプリケーションは，本リリースの前に，社内の関
係部署内のみで試運用し，レビューと修正を繰り返すことでブラッシュ
アップを試みました。その中で得られた気付きや課題，試用者からの要望
に応じて付け加えた機能や工夫について紹介します。

4.3.1　多機能化によるユーザビリティ低下の問題

　アプリケーション開発当初，より多くのユーザーに満足してもらうため
に，開発者はさまざまな機能を追加し，多くの事象に対応できるマルチな
アプリケーションを目指していました。しかし，そうした多機能のアプ

リケーションは開発者のエゴに過ぎず，アプリケーションのユーザビリティを低下させ，使用する際の障壁になっていることが分かりました（図4.11）。次の (1)〜(3) では，多機能化によって生じた課題を整理し，それらの課題を解決するために実施した取り組みについて紹介します。

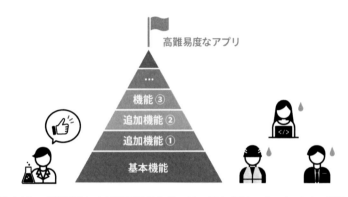

図 4.11　多機能化により難易度が上がっていくアプリケーションイメージ図

（1）選択肢を必要最低限にとどめる

　初期のアプリケーションでは，CAE 解析の内部に少し踏み込んだ内容についても選択できるようにしており，例えば，メッシュの粗さを 7 段階で選べるようにし，計算負荷と得られる結果の精度を鑑みて，最適なメッシュ粗さをユーザーが選択できる仕様にしていました。しかし，本アプリケーションのユーザーは，そうした知識を有していないため，正しい項目を選択できず，ユーザビリティの低下を引き起こしていました。そこで，アプリケーションにおける選択肢は，ユーザーが計算条件として必ず決めなければいけない項目に限定し，上述の少し踏み込んだ選択肢は，オプション項目として設定するように変更しました。

（2）慣れ親しんだインターフェースを用いる

　ユーザビリティにおいて，「慣れ」は非常に重要であり，慣れていないインターフェースのアプリケーションを使用するのは非常に苦痛です。そのため，アプリケーション開発をする際のインターフェースは非常に重要

です。機能が優秀であっても，インターフェースの難しさのせいで使用を諦めてしまい，アプリケーションの普及が進まないことは多くあります。

　開発当初，アプリケーションの思想として「すべての内容がアプリ内で完結することが望ましい」があったため，入力値はアプリケーションのインターフェースに直接入力できるようにしていました。しかし，見慣れない新規アプリケーションのインターフェースを扱うことはユーザーにとって負担が大きく，他のアプリケーション間の行き来の手間を要したとしても，これまで扱ってきたインターフェースの方が好ましいという意見が多く寄せられました。当社における事務作業の多くは Microsoft Excel を用いているため，そのファイルで値を入力し，アプリケーション側でその Excel ファイルをインポートする仕様へ変更しました。

(3) 説明のいらないインターフェースを構築する

　世の中にある多くの優秀なアプリケーションのインターフェースは，ユーザーの目の導線を意識して構築され，ほとんど説明が不要な構成になっています。我々の作成したアプリケーションにおいても，そうした意識は必要であり，蔑ろにすべきではありません。

　本アプリケーション開発当初はそうした意識が低く，機能に関するレビューを受けた際に，使用について説明が必要だと判断した項目については，インターフェース内に説明書きを入れ込んでいました。しかし，機能が拡充するにつれて，加えた説明書きがインターフェースの導線を複雑にし，ユーザビリティを上げるための説明文が，逆にユーザビリティを下げてしまうことが分かりました。この課題に対応するためには，抜本的なインターフェースの再構築が適していますが，ヘルプマークの上にマウスオーバーすることで，説明が吹き出し表示される仕組みなども有効です。

4.3.2　専門性の障壁に関する問題

　前項では，ユーザビリティを向上させてアプリケーションを実際に活用してもらう機会を多くすることで，社内展開の促進を目指す内容を紹介しました。しかし，ユーザビリティを高めたシンプルなインターフェースにすると，ユーザーは入力条件などを熟考せずにアプリケーションによる解

析を行うようになってしまい，得られた結果が異常値であったとしても，吟味せずに鵜呑にしてしまうことが多くなることが分かりました。特に，広い範囲に展開され，アプリケーション開発者との距離が遠く，関係性が薄いほど，その傾向は顕著でした。こうした場合の多くは，結果の異常値に気付くことができず，アプリケーションを正しく活用することができないという問題があることが明らかになりました。

　この問題を解決するための取り組みについて，下記の 3 点を紹介します。

（1）適用範囲の共有と文章化

　アプリケーション開発者が初めに取り組むべき事項は，アプリケーションの説明書と併せて事前にアプリケーションの適用範囲を明示し，共有することです。アプリケーションの適用範囲を文章として残しておくことで，適用範囲内外の線引きを明確にし，ユーザー側も自ら判断できるようになります。

　しかし，適用範囲の書面の作成だけでは不十分です。ユーザーが書面を十分に確認できていない場合には，異常な結果にユーザーは気付くことができず，アプリケーションの活用が悪い方に作用する可能性が示唆されます。また，水処理は現場によって状況が大きく異なる場合が多いため，適用範囲を一意的に決めることは難しいという問題も存在します。これらのことより，本項で述べた「適用範囲の共有と文章化」は，ユーザーも気付きやすいような，大幅に逸脱した異常値にのみ効果を発します。

（2）入力値の制限

　次に，アプリケーションの機能でこれらの課題を解決する取り組みを紹介します。ひとつ目は，解析条件として入力する値に制限を設け，負の値や桁数を間違えた値の入力を事前に防ぐ方法です。排水処理では慣例的な単位を用いることが多く，例えば時間の単位は時間を要する事象においては「日」を用います。一方，流速などは「時間」もしくは「分」を用いることもあり，これらが混在することが多いです。この場合，単位変換が必要になりますが，入力値の単位に気付かず，大きく桁の異なる値を入力し

てしまうミスが想定されます。入力値の制限はこうしたミスによる異常値を未然に防ぐことができます。

　しかし，あまりに厳重な制限を設けてしまうとアプリケーション自体の汎用性が失われ，「多くの関係者へ広く展開しようしてもらう」という本アプリケーションの当初の考えから離れてしまうため，制限は慎重に行う必要があり，開発者と試用者はプロトタイプを通して，十分な意見交換を行う必要があります。

(3) 適用範囲内外を自動判定

　アプリケーションの機能で課題を解決する取り組みふたつ目に，適用範囲内外をアプリケーション側で自動判定する機能の実装があります。汎用性を高めるために入力値の制限はある程度緩和させる必要があると (2) で示しましたが，これは主に，水処理条件の多様性が，それぞれの現場によって一意的でない複雑系であることに起因しています。例えば，排水処理の業種においても，お弁当を多く作る工場と，飲料を作る工場では，排水の種類が異なります。前者は油分が多いことが予想されますし，後者は飲料に含まれる特別な成分が多いかもしれません。また，季節によっても処理能力は変化し，寒冷地などでは特別な対応が必要となる場合があります。このように，適用範囲が現場によって大きく異なるため，汎用性を高めたアプリケーションでは，入力値の範囲制限が難しくなります。

　そこで有用だと考えられるのが，当社でこれまで培ってきたデータや技術ノウハウを活用して，現場や業種ごとに適用範囲を算出し，得られた結果が適用範囲内なのかどうかを自動判定する機能です。この機能によって，アプリケーションの汎用性は高いまま，ユーザーは入力および結果の異常値に事前に気付くことができるようになります。精度の高い自動判定には，多くのデータやノウハウが必要となりますが，近年の科学技術の進歩を支える AI や機械学習の機能をうまく活用することにより，予測精度も向上できると考えられ，アプリケーション活用の領域もさらに広げられることが予想されます（図 4.12）。

図 4.12　適用範囲内外の自動判定

4.3.3　アプリケーションの無断転用の問題

　ここではアプリケーション自体の運用における課題について述べます。これまで紹介してきたアプリケーションは，より多くの社内関係者に活用してもらうことが目標のひとつでしたが，展開する関係者の範囲などについて何も対策をしない場合，予期しないトラブルを引き起こしてしまう可能性が想定されます。例えば，複製できないような仕組みを怠った場合，アプリケーションが無断で複製され，関係者外にまで展開してしまい，想定していない使い方によってトラブルを引き起こすことが考えられます。

　そのようなトラブルを回避するために，当社におけるアプリケーション開発では，MAC アドレスによるユーザーの制限や，使用期間の制限をアプリケーション内の機能として設けるようにしました。COMSOL では，Java によるメソッドを自ら作成することで，COMSOL の標準機能以外にもさまざまな機能をアプリケーションに搭載することが可能です。このように制限を設けることにより，無断複製や関係者外のアプリケーションの使用問題を解消するとともに，アプリケーションの提供側によるユーザーの管理が容易となるため，アプリケーションの活用による KPI の確認も行いやすく，質問対応やアプリケーションアップデートの連絡もスムーズに行うことができるといったメリットを享受することができます。

第**5**章

CAEアプリによる
人材育成

　本章では，CAE アプリによって開発や経営を戦略的に行える新しい人材育成の方法について展望します。

　これからの時代，戦略的な開発や経営には，製品の制作側の視点である「ものづくり」から，顧客の求めている「ことづくり」へ意識を変革していく必要があります。そのためには開発者は経営を，経営者は開発をお互いに十分に知ることが重要です。社内研修で開発者が経営について勉強する機会を設定している組織は多いと聞きますが，経営者に開発を体験させる仕組みはあまり耳にしたことがありません。

　CAE アプリは「誰でも・いつでも・どこでも」手軽に利用できるのが大きなメリットです。開発者と経営者の架け橋となり，両者が手を取り合って DX 業務を推進する足掛かりとすることができるでしょう。密な連携の中で，開発者は先端的な研究開発を切り開き，経営者はそれらの成果を世の中に実装する方法，さらに次の段階で必要なものを適切に考えることができます。このように，DX 業務の推進は，経営を円滑にし，企業価値や信用度の向上にもつながるでしょう。

5.1　解析アプリによる人材育成

　ここでは，解析アプリを研究開発あるいは教育の対話型プラットフォームにすることの重要性を考えてみます。その運用過程で次世代のトップリーダーが生まれる可能性が期待できます。次世代の技術者にとって不可欠と考えられる創造性を育成するための解析アプリの設計指針といったものを見ていきます。

5.1.1　解析アプリをプラットフォームにしたトップリーダーの育成

　持続可能な社会づくりが叫ばれる中，我が国の製造業は厳しい企業競争や新型コロナウィルス感染症の世界的な感染拡大といった環境変化に対応できるように，企業の力を変革して競争力を再構築していくことが急務です。それにはデジタル化へ向けた DX を実行できるかどうかがポイントとなります。並行して価格競争といったコモディティ化に陥らないように

新しい技術力の習得や育成を推進し学習型のことづくりを推進していく必要があります [1, 2]。

科学技術は，理論，実験，計算という大きな柱に支えられています。この三つの柱をうまく連携させることが学習型の教育・研究開発の基盤づくりの創出につながると考えます [2, 3]。それによって，ものづくりからことづくりへ考え方がシフトしやすくなり，開発に携わる各部署が適切な情報を開発工程の上流側に持ち込むことでフロントローディングが醸成され，開発の前倒しが実現され，顧客の期待に応える製品をタイムリーに世の中に送り出せるものと期待されます。

前章までで見てきた解析アプリは，COMSOL Compiler や COMSOL Server という配布機能 [4, 5] と合わせることで「誰でも・いつでも・どこでも」利用できるものになります。これらが普及すれば学習型のことづくりを基盤とした次世代型のものづくりとそれを支える人材育成に必要不可欠なプラットフォームになると考えられます。

現在の技術教育は知識の継承に重点を置いており，大学でも企業でも多くはそのような方針がとられています。解析アプリを活用することで，「誰でも・いつでも・どこでも」利用できる解析アプリは教師やインストラクターの役目を果たすようになるでしょう。そうなると，学習者は計算条件を変更しその結果を観察するといった工程からいろいろな内容を主体的に習得することができます。学習者は実際の現場での疑似体験ができ，その中で学習内容を学習者自身で運用する能力が身についてきます。すると，「現場の状況を考えるとこれはこんな風にした方がよい」「実際にアプリで計算してみるとそのアイデアでうまくいく」といった創造的発想ができるようになります。こうして，次世代のリーダーが次々に育成されていきます。その中で戦略的経営と技術開発の両面に秀でた次世代のトップリーダーが出現することでしょう。そうすれば DX は業務改革をはじめとしてごく自然にいろいろな方面に展開されていきます。この流れを図5.1 にまとめました。図 5.1 の流れを実現するためには，アプリの設計指針や応用例が公開されていく必要があります [3]。

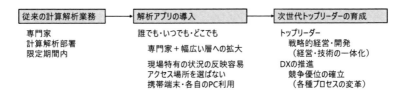

図 5.1　解析アプリをプラットフォームとしたトップリーダーの育成

5.1.2　解析アプリにおけるアクティブラーニングの必要性

　しかしながら解析アプリを導入できたとしても，その内容が従来の科学技術教育の一般的スタイルであるところの技術伝承形態，つまり一定時間内に所定の項目を効率よく伝えるためあらかじめ決められたストーリーに沿った演繹的な技術伝承にとどまっていては，次世代の技術者を育成するのは難しいと考えられます。次世代のトップリーダーは世の中の激しい動きをキャッチして自らアイデアを出しながら問題を解決していくことが必要であり，そういった場面では決められたストーリーに頼ることができません。そのような状況に置かれても先に進むことのできるリーダーが求められています。

　したがって，解析アプリは創造性を育成するということを目指して設計をすることが重要です。現在，そのようなことができる解析アプリの明確な設計指針があるわけではありませんが，現時点では，「ストーリーを仮定しない」という方針が重要だと考えます。解析アプリの利用者がアプリによる解析を実行する中で「発見」をしたと思えるような設計にするべきです。それには帰納法的に試行錯誤の可能なアクティブラーニング方式による設計がよいと考えられます。ストーリーは自分で設定しながら，試行錯誤を経て結論にたどり着きます。これにより利用者は「発見」を体験することになります。解析アプリでそのような帰納的な「発見」を多く経験することで，従来の演繹的伝承による方法を補完して，創造性を育成しやすいと考えられます。

　アプリを設計する側は，アプリを通じて利用者に「発見」させたいものを設定する必要があります。つまり，各解析アプリには利用者に取り組んでもらいたい個別の内容（課題やテーマ）を設定し，学習のゴールを明確

にしておく必要があります。そのゴールに到達させるために，従来の演繹的方法では設計側があらかじめストーリーを組んでおいた上で，利用者がそのストーリーにフィットした手順で目的とする内容へ確実に到達する方式を取ってきました。ここで提案する帰納法的なアクティブラーニング方式の設計では，ゴールに至る道筋はアプリの利用者が自ら選択するようにします。つまり，さまざまな経路を体験できるようにしておくことで，利用者が解決のためのストーリーを自分で「発見」できたと思える内容にするということです。ゴールに到達できない場合があるかもしれませんが，それも良い経験になるでしょう。従来の手法では時間が来れば正解が示されるので，その正解の意味を深く認識できなかったかもしれません。しかし帰納的な方法では，正解を示されたときにその内容と自分が苦労してたどった経路との差異や原因を明確に認識できると考えられます。

　解析アプリの設計は，誰でも使える形にすることから始めます。具体的には，解析アプリの利用者が直感的に操作しやすいGUI（グラフィカルユーザーインターフェース）の設計をします。加えて，従来の演繹的知識の継承だけでなく，帰納的かつ発見的に利用ができるような工夫を設計に施す必要があります。これによって製品開発はルーチン的作業ではなく創造的作業であることを利用者が認識するようになります。そうすれば，競争が激化するなかでも価格競争に巻き込まれないフレキシブルな開発風土を開拓・持続できることになります。利用者が見出した創意工夫について，熟練者が適切なアドバイスを行いながらアプリを介してよりよい工夫に昇華させていけば，熟練者のもつ暗黙知をその真意を理解した上で継承できます。さらに暗黙知を自身の体験を交えて形式知にすることで，周囲も利用しやすい知識体系として整理していけます。この流れができれば，デジタル技術によって図5.2に示すフロントローディング（開発の前倒し）を効率よく実施できる仕組みができていき，DX推進が全社的な動きになります。市場のニーズにあった製品構想を開発の早い段階で十分に検討できるようになれば，顧客のニーズを反映したことづくりも実現できると考えられます。

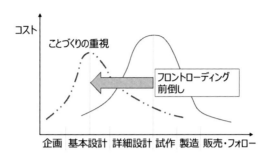

図 5.2　フロントローディング

5.2　解析アプリの試作例

　本書で扱っている水処理は，物理現象とその理解に基づく製品の開発・設計を必要とする技術です。したがって，次世代のトップリーダーとして戦略的な経営や開発できる人材を育成するには，

(1) 物理現象の基礎的理解
(2) 開発の方向性と成果イメージの具体化
(3) 研究開発に要する新しい CAE 解析や数値解法の理解

を解析アプリで支援・加速することが必要です。

　本節では上記 (1) および (2) に対応する解析アプリの試作例を示します。これが正解というわけではありませんので，アクティブラーニング方式のアプリの設計を行うヒントにしていただければと思います。なお，上記 (3) は 5.3 節で扱うことにします。

　現在，国内の研究者が COMSOL Multiphysics によって作成した解析アプリを公開しており，誰でもダウンロードして動かしてみることができます [5, 6]。COMSOL Compiler によって作成された実行形式ファイルは COMSOL を利用するためのライセンスを必要としません。読者は是非体験してみるとよいでしょう。PC は 64 ビット OS で，メモリ (RAM) は 8 GB から 16 GB くらいのメモリを搭載したものであれば稼働します。

5.2.1　物理現象の基礎を理解するアプリの試作例

(1) 拡散現象

　水中での化学物質の動態を考える上で重要な物理現象である拡散について扱います。例えば水に含まれる汚染物の濃度分布の時間変化を扱う場合です。水を入れたコップの中にインクを一滴たらすと，インクは時間が経過するにつれて薄まっていき全体に広がります。これが拡散現象です。インクに注目すると，もともとのインク一滴が水の中に拡散して薄まっていき，ついには消えたように見えるかもしれませんが，質量保存則からコップの中にあるインクの全質量は一定のままであることが分かります。

　解析アプリでは，インクの濃度分布がどのように変化していくかを観察することになります。

(2) 一次元拡散問題の初期値・境界値問題

　物理現象は偏微分方程式 (Partial Differential Equation; PDE) の初期値・境界値問題で記述できますが，拡散現象は簡単な方程式で記述されるので，物理現象の基礎を方程式を介して理解するのに適しています。ここでは，x 方向のみに分布する濃度分布の時間変化を方程式で記述し，その数値解を求めます。

　一次元の濃度 $c(x, t)$ の拡散方程式は次式で与えられます。

$$\frac{\partial c}{\partial t} = -\frac{\partial}{\partial x}\left(-D\frac{\partial c}{\partial x}\right) \tag{5.1}$$

ただし，c：濃度 $(\mathrm{mol/m^3})$, t：時間 (s), x：空間座標 (m) です。D：拡散係数 $(\mathrm{m^2/s})$ であり，一定値を取るものとします。

　この一次元拡散方程式の数値解を，区間 $x \in [-x_{\max}, x_{\max}]$ で求めることを考えます。

　式 (5.1) は時間依存の方程式であるので，初期条件が必要です。ここでは初期条件として式 (5.2) を課します。

$$c(x, 0) = \exp\left(-x^2\right) \tag{5.2}$$

また，境界条件として式 (5.3) を課します。

$$\frac{\partial c}{\partial x} = 0 \text{ at } x = -x_{\max} \text{ and } x = x_{\max} \tag{5.3}$$

の条件のもとで解きます。ここで $x_{\max}$ とは，式 (5.3) を満たすように大きな数値，例えば 5 や 10 といった数値に設定する必要があります。

次に，次式で定義される濃度の総量 $M(t)$ が時間方向に保存されるということを示しておきます。

$$M(t) = \int_{-\infty}^{\infty} c(x, t)\, dx \tag{5.4}$$

ここで，M：濃度の総量 $(\mathrm{mol/m^2})$ とします。式 (5.1) を式 (5.3) が満たされるような十分に広い空間領域で積分すると

$$\frac{d}{dt}M(t) = D \int_{-\infty}^{\infty} \frac{\partial^2 c}{\partial x^2} dx = D\left(\left.\frac{\partial c}{\partial x}\right|_{x=\infty} - \left.\frac{\partial c}{\partial x}\right|_{x=-\infty}\right) = 0 \tag{5.5}$$

となり，濃度の総量 M は時間的に変化しないことが分かります。初期条件が式 (5.2) で与えられる場合は，$M = \sqrt{\pi}$ となります。また，式 (5.2) から $\partial c/\partial x = \exp(-x^2)(-2x)$ であり，例えば $x=\pm5$ では $|\partial c/\partial x| = O(10^{-10})$ （O：オーダーを示す記号）となることから，その値はゼロに限りなく近く式 (5.3) を満たすことも分かります。このように初期条件（式 (5.2)）は境界条件も満たしています。

式 (5.1) の一次元拡散方程式に係る初期値（式 (5.2)）・境界値（式 (5.3)）問題は，有限要素法を使って数値解を求めることができます。有限要素法は空間を複数の部分領域（有限要素，あるいは要素）に分けて数値解を求めるものです。有限要素法の利用者は空間の分割の程度とそれによって得られる数値解の精度（ここでは理論解との差異という意味）の関係を知っておく必要があります。

拡散現象を理解する上で重要なのは，最初に設定した濃度の初期分布がどのように広がっていくかを調べることと，濃度の総量が時間とともに変化しないかどうかを調べることの 2 つです。

(3) 解析アプリがもたらす新しい学習効果
拡散現象を考える x 方向の領域は $-x_{\max}<x<x_{\max}$ の範囲にあるとします。拡散現象は，拡散係数 D を与えれば濃度 c の空間分布の時間変化と

して拡散の具合（空間濃度分布の変化）を追跡できます。有限要素法では x 方向の空間を複数領域に分割して現象を追跡します。その要素分割数 N（要素節点数は $N+1$ になる）を与えます。あまり小さな N を与えると空間を解像する精度が落ちます。逆にあまり大きな N を与えると空間の解像度は上がりますが計算時間や計算に必要なメモリ（記憶領域）のサイズが増えるので，バランスの良い設定が必要です。

一次元拡散現象を解析するアプリを試作した例を図 5.3 に示します。

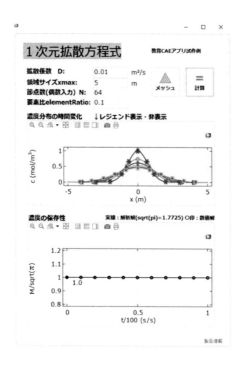

図 5.3　一次元拡散問題に係る解析アプリの試作例

では，拡散現象の基礎を帰納的に理解する過程をアプリの操作方法を示しながら解説します。

a)　拡散係数の意味の「発見」の試行錯誤

　まず，拡散現象はどのようなものかを観察します。図 5.3 では拡散係数 D=0.01 m^2/s の場合における入力例が示されています。また，要素分割数 N=64 にしています。なお，水中における溶質の拡散係数は $1{\times}10^{-5}$ m^2/s 程度であり拡散の度合いが非常に小さいので，本来はそれを扱えるだけの要素分割数（細かなメッシュ）を配置する必要があり，その分計算負荷も大きくなります。しかしここでは拡散現象に対する基本的な理解を行うことが目的なので，計算を軽量化することも重要であり，拡散係数の影響を見やすくするために大きな拡散係数を用いています。要素分割数については b) で詳細を説明します。

　図 5.3 中段には「濃度分布の時間変化」が表示されており，濃度分布の時間変化が XY グラフ上に示されています。横軸は距離，縦軸は濃度を表しており，その時間変化を凡例の色によって表現しています。青色＊→ 緑色 ○→ 赤色 ◇→ 水色 ■→ 紫色＋ → 黄色 □ の順に時間が経過しており，初期分布として与えた式 (5.2) に示す釣鐘状の分布が時間とともに徐々に平坦な分布に変化しています。この解析では $x_{\max}$=5 が設定されていますが，この計算結果から，計算領域の両端近傍ではほぼ水平な濃度分布になっており，初期時刻から時間が経過しても式 (5.3) が満たされていること分かります。

　図 5.3 下段に示す「濃度の保存性」には，横軸に時間を，縦軸に濃度の総量（濃度分布を空間で積分した値）をプロットしたグラフがあります。濃度の総量は水中に入れる前の溶質の総量である $\sqrt{\pi}$ で割った数値として表示し，横軸は最大計算時間 100 s で割った数値で表しています。つまり，縦軸が 1 であれば数値解（濃度の空間積分値）は $\sqrt{\pi}$，すなわち水中に入れる前の溶質の総量に等しいということです。グラフを見ると，濃度の総量は時間が経過しても変化しないことが分かります。計算結果も 1 を示しており，計算でも濃度の保存性は成立し，拡散現象を正しくシミュレーションできていることが分かります。

　このように，図 5.3 中段のグラフ中央 (x=0) 付近だけを見ていると濃度 c が薄くなってどこかに消えてしまうという印象をもちますが，図 5.3 下段のグラフから全体としての総量はなくならないということが理解できま

す。このように，拡散現象はもともとあった総量の空間分布が変わるだけで総量は一定値を保つという特徴が理解できたかと思います。

なお，図5.4に示すようにレジェンド表示/非表示の下にあるボタンをクリックすることで濃度分布の各グラフに対応する時刻の確認ができます。再度クリックすれば非表示になります。

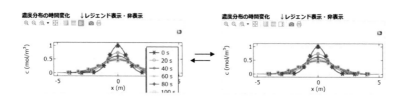

図5.4　レジェンドの表示・非表示操作の説明

次に，拡散係数 D の影響を見てみます。3通りの拡散係数を用いて計算した結果を図5.5に示します。拡散係数を大きくすると初期の濃度分布が時間経過によってなだらかになる速さが増します。逆に拡散係数を小さくすると時間が経過してもなかなかなだらかになりません。このように，拡散係数が濃度分布をなだらかにする速さに関係していることを容易に「発見」できます。拡散係数をユーザー自身がいくつか変更して数値解析を行うことで帰納的に「拡散係数と解の時間変化の関係を発見」する例であり，解析アプリだからこそ得られる新しい学習効果のひとつです。

b)　数値解とメッシュ分割の関係の「発見」の試行錯誤

ここでは，要素分割数と要素比が計算結果に与える影響を調べ，x 方向の計算領域全区間に対する適切なメッシュの数について考察してみます。

アプリには，拡散係数や領域サイズと同様に「要素比 elementRatio」を入力する欄があります（図5.3参照）。要素比 elementRatio は1以下に設定し，小さければ小さいほど，節点が中央に集まり，中央付近の要素は細かく分割されます。節点を等間隔に配置し要素の大きさをすべて同じにしたい場合には1を入れます。実験装置を使う場合には実験装置の性質を知っておく必要があるのと同じように，有限要素法を使う場合には数

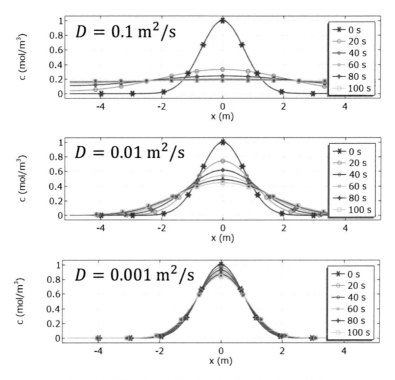

図 5.5　拡散係数 D を変えたときの濃度分布の時間変化

値計算で使われる要素分割（メッシュ分割と呼ぶ）と解の関係を知ってお
く必要があります。

　図 5.6 に要素分割数 N を 4 と 8 にした場合の解の比較を示しました。
要素分割は等間隔配置とするために要素比 elementRatio を 1 にしてい
ます。各分割時の要素配置図は要素比 elementRatio の入力欄下に示し
ました。N=4 では「濃度の保存性」に見るように本来の数値よりも小さ
な数値解となっていますが，N=8 では本来の数値になっています。また
「濃度分布の時間変化」を見ると，N=4 では滑らかな濃度分布になってお
らず拡散現象を正しく近似しシミュレーションできているとは言い難いで
しょう。N=8 では濃度分布はある程度の滑らかさとなっています。

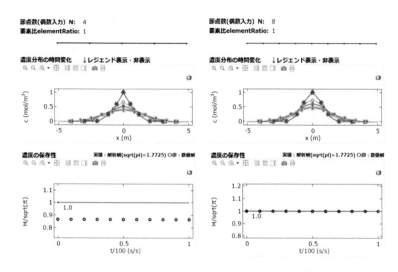

図 5.6 メッシュと数値解の精度との関係（拡散係数 0.01 m²/s，等間隔メッシュでの比較であり，濃度の保存性とは濃度の総量を描写している）

以上のことから，メッシュ分割を粗くする（空間のメッシュ数が少ない）と数値解の誤差が大きくなり濃度の総量は理論解 $\sqrt{\pi}$ と差異が生じ，濃度の空間分布の形状もゆがんだものになることが分かります。

5.2.2 製品の性能改善や開発のイメージをつかむアプリの試作例

（1）反応炉中の濃度輸送と液体の速度分布

流路に液体が流れているとします，液体にはある濃度をもつ化学種 A が含まれており，周囲に拡散しながら液体によって移流されます。液体は速度分布をもっており，濃度が流路中をどのように移流するかはその速度分布によって決まります。つまり，流路の入口で一定の濃度分布を設定しても，濃度を運ぶ液体に速度分布があれば，流路出口に到達するまでに濃度にも空間分布が生じます。このように濃度分布は速度分布に依存しますが，流路を調整することで濃度を所望の分布にコントロールすることができます。所望の濃度分布に設定できるような流路形状をうまく設計できれば，性能を改善でき，製品開発が成功したことになります。

なお，流路内で何らかの化学反応が生じる場合，その流路を反応炉と呼

びます。水処理の現場では，複数の反応性化学種を液体に混ぜて反応炉に流し込み，反応炉で加熱してそれらの化学反応を促進することが行われます。また，触媒のように反応炉の壁に化学反応を生じる化学種を設定しておくといったことも行われます。

(2) 壁面触媒反応のある二次元流路での濃度拡散の数値解析

図 5.7 のような二次元流路に液体が流れており，液体は二次元流路の下側の入口から流入し，二次元流路の上側に設置された出口から流出するとします。なお，液体には化学種 A が含まれているとします。

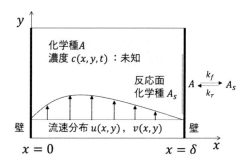

図 5.7　反応壁をもつ二次元流路における物理現象の説明

　性能改善のイメージをつかみやすくするために，速度分布はマニュアルで数式設定する方式を取っています。速度分布は自由に設定できますが，非圧縮性の液体であるので，後述の式 (5.6) で示す連続の条件を満たさなければなりません。また，液体には粘性があるので，流路の壁面上で速度がゼロとなる速度分布を設定する必要があります。液体の速度分布は時間的に一定であるとします。

　二次元流路は水平方向に x 軸，流路に沿って x 軸に垂直かつ上向きに y 軸を取っています。液体の流速ベクトルは x 軸成分と y 軸成分で，それぞれ $u(x, y)$ と $v(x, y)$ をもち，これらの両成分を数式で表現することを「液体の速度成分を数式で与える」と言います。また，二次元流路の幅は δ としています。つまり左壁は $x=0$，右壁は $x=\delta$ に位置しています。右

側壁面 ($x=\delta$) は流路の途中に触媒層を設置しています。液体中の化学種 A が触媒層の活性サイトに吸着されて吸着種 A_s となったとき，$A \rightleftarrows A_s$ となる化学反応を生じます。また化学種 A の濃度分布 c は液体の速度分布の影響に加えて，壁面での化学反応の影響を受けながら，その分布を変化させていきます。

a)　連続の式

ここでは非圧縮性流体の流速分布 (u, v) を考えることにすると，連続の式 (5.6) を満たす必要があります。なお連続の式とは，流路を流れる流体の質量保存則と同じ意味です。連続の式は水平方向の速度成分 $u\,(x, y)$ の x 方向偏微分と垂直方向の速度成分 $v\,(x, y)$ の y 方向偏微分の和がゼロであることを表しています。

$$\frac{\partial u\,(x, y)}{\partial x} + \frac{\partial v\,(x, y)}{\partial y} = 0 \tag{5.6}$$

b)　速度分布の式

流路を水平に横切る方向を x 軸とし，流路に沿う方向を y 軸としたとき，流速ベクトルを次式で与えます。

$$u = 0 \tag{5.7}$$

$$v = v_{\max} \left[1 - \left(\frac{x - 0.5\delta}{0.5\delta} \right)^2 \right] \tag{5.8}$$

このように水平方向の速度成分はゼロ，垂直方向の速度成分は二次関数で表現し管路中央位置 ($x=0.5\delta$) で最大値 $v_{\max}$ を取るとしています。このような定義を与えることで，速度 $u\,(x, y)$ と $v\,(x, y)$ は連続の式 (5.6) を満たします。さらに，$x=0$ および $x=\delta$ となる壁上では速度ゼロとなり，粘性流体の性質である壁上でのすべりなし条件を満たします。

c)　化学種 A_s の濃度

前述のとおり流路の右側壁面 ($x=\delta$) には触媒が設置されており，触媒の活性サイトに吸着して発生する化学種 A_s が関与する壁面反応を生じ

127

ます。ここでは壁面反応として吸着 (adsorption) と脱着 (desorption) を扱うものとすると，次式で表される反応速度 $r_{\mathrm{wall}}(\mathrm{mol/m^2/s})$ を生じます。

$$r_{\mathrm{wall}} = k_{\mathrm{ads}} c \left(\Gamma_{\mathrm{s}} - c_{\mathrm{s}} \right) - k_{\mathrm{des}} c_{\mathrm{s}} \tag{5.9}$$

ここで，c：流路内を流れる化学種 A の濃度 $(\mathrm{mol/m^3})$，c_{s}：右壁面に存在する触媒の活性サイトに発生する化学種 A_{s} の濃度 $(\mathrm{mol/m^2})$，k_{ads}：壁面での吸着反応の速度定数 $(\mathrm{m^3/mol/s})$，Γ_{s}：触媒層の活性サイトの量 $(\mathrm{mol/m^2})$，k_{des}：壁での脱着反応の速度定数 $(\mathrm{1/s})$ を表します。

右壁面 $(x=\delta)$ で反応によって生じる化学種 A_{s} の濃度 $c_{\mathrm{s}}\left(y,t\right)$ は次の拡散方程式にも影響を受けます (図 5.8)。

$$\frac{\partial c_{\mathrm{s}}}{\partial t} + \frac{\partial}{\partial y}\left(-D_{\mathrm{s}}\frac{\partial c_{\mathrm{s}}}{\partial y}\right) = r_{\mathrm{wall}} \tag{5.10}$$

初期条件として，触媒は新品であるので化学種 A_{s} の濃度 c_{s} はゼロとします。境界条件は反応面の両端で $\partial c_{\mathrm{s}}/\partial y=0$ とします。

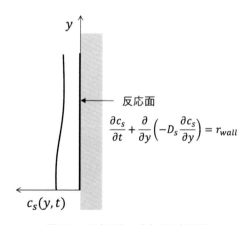

図 5.8　反応面上で成立する方程式

d)　化学種 A の濃度

流路内で輸送される化学種 A の濃度 c は次の移流拡散方程式で記述さ

れます。

$$\frac{\partial c}{\partial t} + u\frac{\partial c}{\partial x} + v\frac{\partial c}{\partial y} = -\left[\frac{\partial}{\partial x}\left(-D\frac{\partial c}{\partial x}\right) + \frac{\partial}{\partial y}\left(-D\frac{\partial c}{\partial y}\right)\right] \tag{5.11}$$

ここで，左辺の第二項と第三項は輸送媒体となる水の流れによって輸送される移流項です。液体が静止している場合，つまり流速がゼロのとき，式 (5.11) はすでに見た一次元拡散方程式 (5.1) を二次元に拡張（$\partial\left(-D\partial c/\partial y\right)/\partial y$ を追加）した形になっていることが分かります。

(3) 反応壁のある二次元流路の濃度解析アプリの試作例

図 5.7 に示すように，二次元流路に流入する液体には一定の濃度をもつ化学種 A が含まれています。流路の壁の途中には触媒反応を生じる箇所（反応面）が設置されており，反応面を通過する過程で触媒反応によって反応面近傍から化学種 A の濃度分布に空間的な変化を生じます。ここでの壁面触媒反応は参考文献 [6] を参照して作成しました。

試作したアプリを図 5.9 に示します。実際の濃度解析の方法は後ほどアプリの使い方を説明しながら見ていきます。

このアプリで工夫した点をいくつか説明します。

a) 解析内容の説明図の付加

このレベルの問題になると，利用者に何を解析しているかを説明するための図面をアプリにつけると分かりやすくなります。アプリ画面にはイメージ図を貼りこむことができます。ここでは上述の仕組みの説明図を掲載しました（図 5.9(a) の右上）。方程式や手書きの図，あるいは関連する実験の写真などをイメージ図（BMP，JPG，PNG 等）としてインポートすることもできます。

b) 式入力機能の付加

ここで紹介する図 5.9 のアプリでは，これらの数式をテキスト形式で入力できるようにしています。具体的には「速度分布の式入力」「壁面反応式の入力」を付加しました（図 5.10 に拡大図を掲載）。四則演算は二項記号（＋，－，＊，／）を使って記述でき，アプリの内部変数なども組み

129

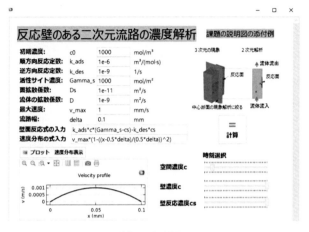

(a) アプリ画面1

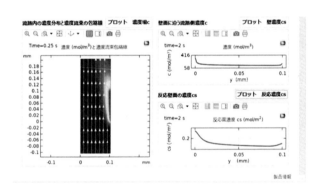

(b) アプリ画面2

図 5.9　反応壁のある二次元流路の濃度解析アプリの試作例

合わせて式を入力できます。図 5.10 から分かるとおり，ここでは前述の式 (5.8) および式 (5.9) をテキストで入力しています。後ほど出てくる図 5.11 では組み込み関数 sin を使っています。

　従来のプログラミングではこうした計算式をユーザーがカスタマイズするのはコンパイルの関係上できなかったのですが，最近の CAE ソフトウェアではユーザー定義関数を扱えるのがほとんどです。アプリを導入す

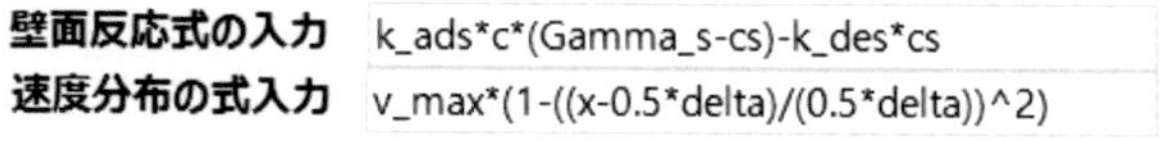

壁面反応式の入力	k_ads*c*(Gamma_s-cs)-k_des*cs
速度分布の式入力	v_max*(1-((x-0.5*delta)/(0.5*delta))^2)

図 5.10 式入力による速度分布および壁面反応の設定

る場面で，アプリに付与できる入力項目は数値入力のみだと思われる読者も少なくないと思われますが，図 5.9(a) あるいは図 5.10 のようにユーザーの望む数式をテキストで与えることができます。このような高い柔軟性を有する点でも解析アプリは人材育成に大きく役立つと考えられます。

まず，図 5.10 の「速度分布の式入力」の箇所について説明します。COMSOL では水平方向の座標 x を変数としてそのまま利用できます。式 (5.8) に含まれている最大流速 v_{max} に対応する変数は v_max で表しており，流路幅 δ に対応する変数は delta です。これらの変数を使って流入口の流速分布を x の二次関数としてテキスト形式で記述しています。濃度はこの流速分布に乗って上方に移流します。流体は非圧縮性（体積が変わらないこと）を仮定しているので，質量保存則の点から，速度分布の面積は y 軸の任意の位置でとった水平断面上で不変でなければなりません。この課題ではいずれの y 座標においても，流入口の速度分布と同じものを与えているため，質量保存則は自ずと満たされています。通常は流体解析を実施することで流速分布を求めますが，流体解析は一般に計算負荷が高いので，アプリを利用するユーザーからすると長い計算時間はマイナスの印象につながり，結果として利用（学習）が進まないことになります。教育段階ではそこに時間をかけるよりは，流速分布が変わるとどのような濃度分布に変わるのかといった点に時間をかけるべきです。したがって，今回試作したアプリでは流体解析を行わない代わりに速度分布をユーザーから指定できる入力フィールドを整備することで，教授する側の手間は少なく，またユーザーは本質的に重要なことに学習を深め具体的な理解を促すことができます。

続いて，図 5.10 の「壁面反応式の入力」について説明します。このアプリでは，反応壁での反応式も入力できます。課題の未知数は流路内の濃度 c と反応壁上の濃度 c_s であり，この 2 つの変数間での相互作用を定義

している箇所です。この「壁面反応式の入力」も自由にカスタマイズでき，どのような式を与えると結果がどのように変化するのかを理解する上で役に立つでしょう。アプリで利用できる変数は，式 (5.9) に現れる Γ_s を Gamma_s と記述することで利用できます。同じく，k_{ads} は k_ads, k_{des} は k_des と記述することで利用できます。濃度 c および c_s に対応する変数はそれぞれ c と cs として記述します。

c)　流速分布のプロット機能の付加

　図 5.9(a) の「流速分布の式入力」に式を記述した後に，その入力フィールドの直下にある「プロット　速度分布表示」をクリックするとグラフが表示され（図 5.9(a) 左下），ユーザーは自身で与えた速度分布の形を確認できるようになっています。

　それでは，図 5.9 のアプリの使い方を説明しながら，どのように性能改善や開発のイメージをもつことができるかを見てきます。まず，入口流速分布の式を書き換えて「プロット」ボタンを押すと，流速分布が図 5.9(a) 左下のように表示され内容を確認できます。問題なければ「計算」ボタンをクリックして時間依存計算を開始します。

　計算した結果は，図 5.9(b) の左側のように表示され，計算領域内での化学種 A の濃度分布 c は色の濃淡で示されます。濃度 c は反応面近傍および反応面を通過した後の上側で濃度が変化していることから，右側壁の中間 ($0 \leq y \leq 0.1$ mm) に設置した触媒の影響を受けていることが分かります。時間依存の現象ですので，スライダーで表示したい時刻を変更し，各図の「プロット」ボタンをクリックすれば，ユーザーの指定する時刻での濃度分布を見える化できます。図 5.9(b) 右側には右側壁上の反応面に沿う濃度 c と濃度 c_s の分布をグラフで表示しています。これらもスライダーを使うことで観察する時刻を変更できます。

d)　流速分布の影響の解析例

　次に，性能改善のイメージにつながる検討例を示します。

　分かりやすくするために，図 5.9(b) 左側の「流路内の濃度分布と濃度流束の包絡線」の部分を拡大したものを図 5.11 に示します。まず，図 5.11

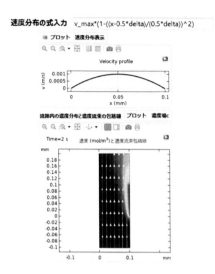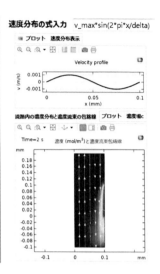

図 5.11　反応炉の流速分布が上向きの順流部分（左図）と下向きの逆流部分
をもつ場合（右図）の濃度解析例

の左側の図を見てください。これは式 (5.8) で記述される一般的な流速分
布（二次関数）を設定して計算を行った結果です。濃度分布は右側壁の反
応面の近傍で変化し，その影響が反応面を過ぎても上側に大きく影響を与
えています。

　さて，実際の実験装置では反応炉入口に接続する配管などがあり，直角
エルボといった曲がり管を接続する場合もあります。そのような状況にお
いては，設計の段階で配管入口では正しい流速分布になるように設計した
としても，実際の組付けにおいては，上流側に取り付けた配管の形状の影
響を受けて反応炉入口でも同様に正しくなるとは限りません。いま，極端
な例として，流速分布が反応炉入口で $0 \leq x \leq 0.5\delta$ の範囲では上向き（順
流）である一方，$x>0.5\delta$ では下向き（このような状況を逆流していると
言う）になった場合を考えます。y 方向の速度分布を

$$v = v_{\max} \sin\left(\frac{2\pi x}{\delta}\right) \tag{5.12}$$

で表して計算してみましょう。

133

　「速度分布の式入力」に式 (5.12) を入力します。図 5.11 の右側の図を見てください。図 5.11 右上の速度分布のグラフを見ると，上向き流れと下向き流れが設定されていることが分かります。面白いことに，この場合の濃度分布は，図 5.11 の右下の図に示すように反応面近傍で下向きに移流し，下方に伸びるような濃度分布を生じていることが分かります（図 5.11 の矢印の向きも参照）。このように，濃度分布は反応速度といった化学的な影響に加えて，流れ速度場によっても大きく変化します。

　このような検討を繰り返して多くの経験を積むことで，都度，計算をしなくても「この場合だとこうすればよい」といったことがひらめくようになります。性能改善のイメージをつかむには多くのパターンを頭の中に経験として蓄積することが重要です。試行錯誤を繰り返しながら，経験はやがて帰納的な「発見」につながるでしょう。

5.3　新しいCAE解析や数値解析の理解

　ここでは，最新の先端的技術であるトポロジー最適化を紹介します。

　現在の数値解析技術の進歩は目覚ましいものがあり，構造分野で始まったトポロジー最適化はここで紹介するような流体力学と化学反応のマルチフィジックス（多重物理連成）といった分野にも積極的に適用されるようになってきています。

　トポロジー最適化は材料の空間的なつながり具合を自動的に変更し，いままでの設計概念の延長ではなかなか思いつかなかったような空間構造を数値解として提示します。原理的には設計対象を空間に広がる微細なビットの集まりと考え，各ビットでの ON・OFF（あるいは 0 または 1 の設定）を繰り返しながら物理解析と目標値への影響解析を同時に行いつつ最適構造にたどり着くものです。ただし，数値解析を進めるときには不連続関数は扱えないので，実際は 0 と 1 の間の数値も許容します。すると境界がぼやけたものになってしまうので，空間フィルタ等を用いて境界を明瞭化する処理を施します。トポロジー最適化の解は積層造形技術を使って 3D プリンタで実体化できる点も魅力的です。

5.3.1 トポロジー最適化の特徴

　製品を研究開発する際には，ある条件を与えたときに最適な解を求める場面が多くあります。例えば，「流路の流入口と流出口に圧力差を与えたときに，触媒の空間配置を最適化して，反応を最大にするような流路形状にしたい。ついでにそのような流路形状をシステムに自動的に決めてもらいたい」と考える人がいると思います。これは最適化という分野の技術を使うことで自動化を実現できます。

　最適化には寸法最適化，形状最適化の2つがあります。いずれも与えられた形状を自動的に修正しながら与えられた条件を満たす最適な形状を見出してくれます。しかしこれらの方法では，例えば穴のなかった場所に穴を自動的に設定することはできません。今考えているような触媒の配置を変えて流路を設置するには，もともと穴の開いていなかった箇所に穴を自動的に開ける技術が必要です。そのためにトポロジー最適化という最先端の技術を使うことができます。トポロジー (Topology) 最適化は位相を変えることができます。位相とは物体の空間的なつながり具合のことですので，すなわちそのつながり具合を最適化することができます。したがって，もともとつながっていた箇所のつながりを切り，穴の開いていなかった場所に穴を開けることで最適化を実現することができます。

　ここでは，トポロジー最適化を含む課題に応用可能なアプリを作成した例を説明します。

5.3.2 二次元流路での触媒反応へのトポロジー最適化の適用

　図 5.12 に示す二次元の領域があるとします。中央に反応領域があり，この反応領域全体にわたって触媒が分布しています。左側に設置した流入口から管路を通過し，多孔質媒体である反応領域に流体が流入します。流体は図 5.12 の反応領域の全領域に設置された多孔質媒体である触媒（全域にわたって設定されているため，反応領域では灰色一色で表示）を通過しながら右端の流出口へ向けて流れています。このとき，中央の反応領域での反応量が最大になるように，触媒の配置を決めることを考えます。その際の条件として，流入口と流出口の間の圧力差が与えられるものとし

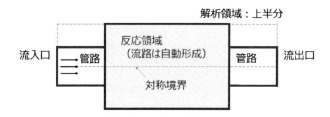

図 5.12　触媒のトポロジーを変化させて反応の最大化を検討するモデル

ます。

この課題の解決策を得るために，

1.　流体の流れ，流体に含まれる化学種濃度を決める質量保存（反応速度項を含む），多孔質触媒による流体抵抗の発生，反応炉での触媒反応を数式で表現し数値的に解く

2.　上記 1. で得られる反応領域に生じる反応速度（各点で大きさが異なる）の反応領域での平均を最大化するために触媒の空間的位相を自動的に最適化

することを数値計算で実施しています。これらのことを数式で説明していきます。

（1）トポロジー最適化と反応炉内のマルチフィジックスとの関係

　まず初めに，トポロジー最適化と反応炉内の反応の関係を説明します。

　図 5.12 を見てください。流体の流れがあり，流体は左の流入口から管路を通って反応炉に入ってきます。流体がまっすぐな管路を経て反応炉に入ると，そこには触媒を充填した多孔質媒体があります（図 5.12 は初期状態を示しているため多孔質媒体は灰色一色の領域表示としましたが，後述の図 5.13 にあるように，最適化が進行するにつれて位相が変化していきます）。流体にはある化学種濃度 c mol/m^3 が含まれています。その化学種濃度と多孔質体である触媒が反応し，その反応速度は次式で表されます。

$$r = -k_a \left(1 - \varepsilon \right) c \tag{5.13}$$

ここで, r：反応速度 (mol/m^3/s), k_a：反応定数 (1/s), ε：流体の占有率 ($0 \leq \varepsilon \leq 1$) です。この式から, 反応速度 r は $1-\varepsilon$ で与えられる触媒の占有率と濃度 c の積に比例することを示しています。この反応速度を用いて, 反応炉での平均反応量を算出します。その式は次のように書きます。

$$R_{\text{ave}} = \frac{1}{V} \int_{\Omega} r \, d\Omega \tag{5.14}$$

ここで, V：反応炉の体積 (m^3) です。

今考えているのは, 反応速度 r の分布をうまく設計することで, 系全体での平均反応量 R_{ave} を最大化するということです。最適化の言葉で記述すると次式で表現できます。

$$\min\left(-R_{\text{ave}}\right) \tag{5.15}$$

つまり, R_{ave} を最大化することは $-R_{\text{ave}}$ を最小化することと等価です。

式 (5.13) には, 濃度 c と触媒層内の流体の占有率 ε が含まれています。したがって, 式 (5.15) で表される目標を達成するには, 濃度 c と流体の占有率 ε を制御する必要があります。流体の占有率 ε を増やせばその空間位置の流体は流れやすくなりますが, 逆にその位置での触媒の量 $1-\varepsilon$ は減るため, 式 (5.13) で定義した触媒反応は低下します。逆に流体占有率を減らすと触媒の量が増え, 触媒の量が増えると後述する式 (5.17) と式 (5.18) のように流体抵抗も増えてしまい流れが阻害され, その結果濃度 c もその影響を受けることになります。

トポロジー最適化では, 流体占有率 ε を制御変数にして空間の各点でその値を増減させることで式 (5.15) を達成します。流体占有率 ε の空間位相分布を最適にすることで, 結果的に反応炉内に流体の浸透経路が自動的に形成され, このとき反応は最大化します。

(2) 反応移流拡散方程式

続いて, 反応炉内の物理現象の数値解析の方法を説明します。流体中を動くときに濃度 c がどのように変化するかを解析するために, 反応移流拡散方程式を基礎方程式として用います。ここでは解析を簡単にするために定常状態を求めることとします。したがって, 濃度 c は時間的に変化しな

137

いものすると，反応移流拡散方程式は次の形になります。

$$u \cdot \nabla c = \nabla \cdot (-D \nabla c) + r \tag{5.16}$$

式 (5.16) の左辺は流体による濃度 c の移流現象を表し，右辺第一項は濃度 c の拡散現象を表し，ここで，D：拡散係数テンソル ($\mathrm{m^2/s}$) です。右辺の第二項は反応速度です。なお，式 (5.11) では反応速度を計算領域の境界条件として与えているため基礎方程式内に反応項は現れていませんが，ここでは計算領域内に発生または消費する源泉として反応速度を与える必要があるため，式 (5.16) の右辺第二項に反応項が現れています。

(3) 非圧縮性流体の基礎方程式

　式 (5.16) の中には流速ベクトル u が未知数として含まれています。この流速ベクトル u を求めるために，多孔質の影響を考慮したナビエ・ストークス方程式 (5.17) と連続の式 (5.18) を使います。

$$\rho (u \cdot \nabla) u = -\nabla p + \nabla \cdot \left\{ \mu \left[\nabla u + (\nabla u)^T \right] \right\} - \alpha(\varepsilon) u \tag{5.17}$$

$$\nabla \cdot u = 0 \tag{5.18}$$

ここで，ρ：流体の密度 ($\mathrm{kg/m^3}$)，p：圧力 (Pa)，μ：粘性係数 (Pa·s) です。式 (5.17) の右辺の第一項は圧力差による力，第二項は粘性による力，第三項は多孔質内部で生じる流体抵抗による力を表しています。$\alpha(\varepsilon)$ はダルシー抵抗係数であり，ここでは流体占有率 ε に依存するとしています。具体的には式 (5.19) で表されます。

$$\alpha(\varepsilon) = \frac{\mu}{D_a L^2} \frac{q(1-\varepsilon)}{q+\varepsilon} \tag{5.19}$$

ここで，D_a：ダルシー数，L：長さスケール (m)，q：無次元パラメータです。式 (5.19) を見ると，$\alpha(\varepsilon)$ は触媒の量 $1-\varepsilon$ に比例して大きくなり，流体占有率 ε が 1 となり触媒層がなくなったときには $\alpha(\varepsilon)$ はゼロとなることが分かります。したがって，その場合には式 (5.17) の第三項はゼロになり，式 (5.17) は触媒の影響を受けない通常のナビエ・ストークス方程式になることが分かります。

5.3.3 二次元流路内での触媒反応のトポロジー最適化アプリの試作

作成したアプリを図5.13に示します。参考文献 [7] を参考にして試作しました。

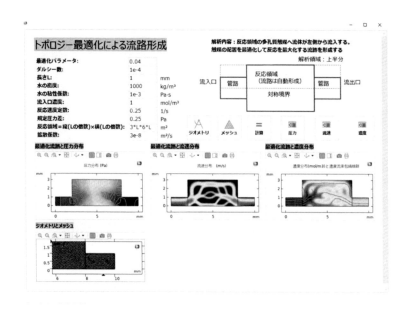

図 5.13　二次元流路での触媒反応のトポロジー最適化アプリ

このアプリでどのような系を解析するかを説明するために説明用の図面をアプリの右上に貼りこんでいます。この場合，上下対称の物理現象を扱うので，数値解析は上半分の領域のみを計算します。このような工夫により計算規模を半減できて，計算に必要なメモリ量と計算時間を減らすことができます。

アプリの内容を，操作方法を見ながら説明していきます。

入力項目のところで長さ L を変更した場合は，「ジオメトリ」ボタンをクリックすると図5.13の最下段にジオメトリ（上半分の形状）が表示されます。反応炉の前後にある管路の長さは，L の2倍として与えています。「メッシュ」ボタンをクリックすればメッシュ図（要素分割図）がジ

139

オメトリの代わりに表示されます。反応速度定数はデフォルト値として 0.25 を与えています。変更する場合には，例えば，1.1*0.25 のように書き換えることが可能です。これは現在の数値の 10% 増しを設定するという意味です。アプリにはこのような計算式でも入力できます。

　最後に「計算」ボタンをクリックし，計算を開始します。計算が終了すれば，図 5.13 中段のように左から順に「最適化流路と圧力分布」，「最適化流路と流速分布」，「最適化流路と濃度分布」の計算結果が表示されます。

5.3.4　トポロジー最適化の例

　実際に計算した結果は，図 5.14 に拡大して示す（図 5.13 では最適化された触媒配置を平面図として表示していますが，ここでは分かりやすくするために触媒の分布を三次元的に示す）ような，とても思いつかないような流路の形状を最適解として示します。もともとは明確な流路がなかった触媒領域に網の目のような流路が形成されています。トポロジー最適化によってもともと結合していた触媒層内部の空間的なつながり具合（位相）が変化し，触媒層がなくなった箇所は間隙として流体の通り道となり，反応は最大化されます。トポロジー最適化については参考文献 [8, 9] を参照してください。

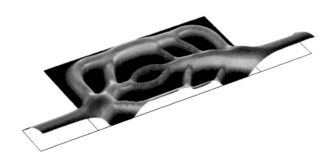

図 5.14　トポロジー最適化による流路の自動形成結果

5.3.5　目標を設定する際の考え方

　ここで紹介した例題では，式 (5.15) で設定した目標（最適化の用語で

は目的関数）を満たすように，トポロジー最適化を行いました。目標の立て方はいろいろなものが考えられますが，目標とする内容によっては最適化がうまくいかない場合も生じます。

　目標の立て方が良いかどうかを判断するには，目標に含まれるパラメータ（最適化の用語では設計変数あるいは制御変数）を現実的な範囲でいくつかの値に変更して数値解析を行ってみます。その結果，変化させたパラメータに対して目標値が極値をもつような振る舞いを示す場合にはその近傍で最大化あるいは最小化できることが示唆されるので，パラメータの範囲を指定した上で最適化を行えば必ず目標を達成できると考えられます。極値がない場合には，目標の内容を変更して極値をもつ形にした後，最適化計算を行います。

　ただし，目標の立て方やパラメータ範囲の取り方によっては，いくつも極値をもつ問題（多峰性問題）となる場合があります。そのようなことを想定して，選択したパラメータを粗く変化させて，いわばリハーサルを行った後に，極値のありそうな箇所をあらかじめ見出しておきます。そしてそのあたりを中心としてパラメータ範囲を限定し，最適化を実行するのが確実だと考えられます。

5.4　熟練技術のノウハウ伝承を含む共通プラットフォーム

　ここでは，研究者サイドと実務者サイドのもつ情報を対話型プラットフォームに集約し，かつ現場の熟練技術のノウハウを伝承するのに有効と思われるアプリの試作例として人工凍土解析アプリを示します。

　汚染物資が湧出する箇所が地中にあり，地中には地下水が流れているとします。汚染物質が地下水によって流されるのを防止する方法として，土壌を冷却して凍結させる人工凍土による地盤凍結工法があります。地盤凍結工法では地下水のせき止め具合を観察しながら土壌を冷却していきますが，その冷却計画が十分でない場合，凍土を適切に形成できず，地下水をせき止められず汚染物質の流出を許してしまいます。地盤凍結工法を実施

する際には数値解析を使って分析予測をすることが必要ですが，地下水や土壌の性質は工法を適用する現場環境に大きく依存するため，数値解析モデルの開発段階では未知の部分を含んでいます。したがって現場の実務者から数値解析の担当者への情報のフィードバックが必須です。さらに地盤凍結工法を実施する前段階で，熟練者のノウハウも反映しながら十分な事前検討を行うことで冷却計画を立案することも必須と考えられます。

5.4.1　人工凍土と凍結管

現在実施されている人工凍土法 (Artificial Soil Freezing Method; AGF) による地盤凍結工法は，地盤中に円形断面の凍結管を適当な間隔で埋め込み，凍結管の中に冷媒を流すことで地盤を冷やし凍土壁を構築します。しかし地下水の流れがあると水流が熱を運んでくるため，凍土壁の形成を阻害します。

図 5.15 に示すように，人工凍土は土粒子 (Solid particles)，土粒子間隙の液相である水 (Liquid water)，および温度が低下して水が相変化を経て固相になった氷 (Solid water, Ice) から成る多孔質媒体でモデル化できます [10]。また，液相と固相が隣接する界面近傍には液相と固相の混在した領域 (Mushy zone) が存在します。

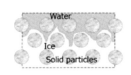

図 5.15　人工凍土のモデル

地盤に人工凍土壁を造成するには，地盤内に多数の冷却用凍結管を列状に埋め込み，その中に冷却液を循環させます。冷却装置を使って冷却液の温度を時間の経過とともに計画的に変えていくことで人工凍土壁の形成状態を制御します。現場の実務者は，冷却液の温度変化の時間的な計画を立案して，地下水の流れのある地中に適正な人工凍土を形成する必要があります。

5.4.2 人工凍土の物理と基礎方程式

　凍土の内部では地下水が流れており，ダルシーの法則で取り扱います。温度は移流拡散型の熱伝導方程式で取り扱います。その際，移流速度は多孔質媒体を流れる流速（ダルシー速度）に等しいとします。また，熱伝導方程式には密度と定圧比熱の積が温度の時間微分項に掛かりますが，後述するようにその項を利用したエンタルピー変化法を使って，地面が凍結・解凍するという相変化現象を扱います。熱伝導方程式（エンタルピー変化法によるモデル化を含む）で扱います。土壌は多孔質透水層であり，内部に地下水を含みます。土壌の幾何学的多孔質性はポロシティ（水の体積占有率）で表現されます。多孔質媒体内の水の流れは非常に遅く，ここではダルシーの法則を援用します。一般に水の流れはナビエ・ストークス方程式で記述されますが，今回のようにダルシーの法則で表現できる場合には地下水の流速ベクトルは圧力差に比例する形で与えられます。ダルシーの法則では圧力のみが未知変数であり，反面ナビエ・ストークス方程式では流速ベクトルと圧力が未知変数となることを鑑みると，計算負荷が小さくて済む特長があります。

　人工凍土では，冷却管壁温度が冷えて氷点に達すれば近傍の土壌の中で液相であった水は固相である氷に相変化します。逆に，氷点下にあった固相である氷の温度が上がり，氷点を越えれば液相の水になります。固相の氷と液相の水では，液相の方が水分子のエネルギーレベルが高い（水分子は固相に比べて振動しやすい）ので，液相の水を固相の氷にするには液相の水から熱を取る（エネルギーを奪う），あるいは固相の氷を液相の水にするには熱を加える（エネルギーを与える）必要があります。液相と固相の間の相変化が生じるときの熱量を潜熱と呼びます。また，液相から固相あるいはその逆の相変化を生じている期間では温度が氷点（相変化する温度）で一定に保持されます。これは熱が相変化に使われているためです。したがって，相変化の計算を行うには，潜熱と相変化中の一定温度保持の現象を扱う必要があります。そのための方法としてエンタルピー変化法があります。エンタルピーとは密度と定圧比熱の積に絶対温度の変化量を掛けたものです。エンタルピー変化法では，相変化に生じる潜熱の量に応じ

て密度と定圧比熱の積が変化するものとして扱い，潜熱と相変化時における温度一定保持を表現します。

　液相と固相の間での相変化は水の流れ具合に影響を与えます。それはあたかも相変化によって液相の水の質量が湧き出たり，吸い込まれたりするように見えます。したがってこれらのモデル化は，水の流れが質量保存するための質量保存則のソース項（湧き出し・吸い込み）で表現することになります。

　数値解析では，土壌の物性，水および氷の物性，氷点，潜熱を与え，冷却管の管壁の温度を時々刻々変化させることで人工凍土形成のシミュレーションをすることができます。基礎方程式は以下のような時間依存の偏微分方程式で与えられます。地下水を含む人工凍土形成の数値解析はあまりなじみがないと思われるので，詳しく説明をしておきます。

(1) ダルシーの法則

　多孔質媒体である土を流れる地下水は流れが非常に遅く，流速ベクトル u は次式のダルシーの法則に従うものとします。

$$u = -\frac{k_r K}{\mu} \nabla p \tag{5.20}$$

ここで，p：水の圧力 (Pa)，k_r：透水係数比，K：固有透過度 (m^2)，μ：水の粘性係数 (Pa·s) です。

(2) 質量保存則

　数値計算をするための基礎方程式は，微小要素 (Representative Elementary Volume; REV) またはコントロールボリュームを基準にして導出されます。REV の中に含まれる空隙部分の体積の割合は間隙率と呼ばれ，ε_p で表します。ε_p は一定で，空隙を流れる水の密度を $\rho_{w,liquid}$ (kg/m^3)，水飽和度を S_w とします。水飽和度は空隙の体積とその中に貯留している水の体積の比であるので，REV を基準にした水の体積占有率は $\varepsilon_p S_w$ となります。また氷の体積占有率は $\varepsilon_p (1 - S_w)$ となります。ここで，氷の密度は $\rho_{w,ice}$ (kg/m^3) とします。

　したがって，空隙を満たす水の質量保存則は次式で記述されます。

$$\frac{\partial}{\partial t}\left[\varepsilon_p S_\mathrm{w}\rho_\mathrm{w,liquid} + \varepsilon_p\left(1 - S_\mathrm{w}\right)\rho_\mathrm{w,ice}\right] + \nabla\cdot\left(\rho_\mathrm{w}u\right) = 0 \qquad (5.21)$$

式 (5.21) の左辺第一項を展開し，氷の密度が一定と仮定すると，式 (5.22) を導出できます。

$$\varepsilon_p S_\mathrm{w}\frac{\partial\rho_\mathrm{w,liquid}}{\partial t} + \nabla\cdot\left(\rho_\mathrm{w}u\right) = \varepsilon_p\left(\rho_\mathrm{w,ice} - \rho_\mathrm{w,liquid}\right)\frac{\partial S_\mathrm{w}}{\partial t} \qquad (5.22)$$

式 (5.22) の右辺を見ると，氷が融けて液水になる場合，液水から見ると質量の湧き出しになっており，水が氷になればそれに相当する液水の質量が吸い込まれるかのように見える源泉項 Q_m (kg/m^3/s) なっています。すなわち，

$$Q_m = \varepsilon_p\left(\rho_\mathrm{w,ice} - \rho_\mathrm{w,liquid}\right)\frac{\partial S_\mathrm{w}}{\partial t} \qquad (5.23)$$

と表せます。

式 (5.20) のとおり，水の流速ベクトル u はダルシーの法則に従うとしており，そのためには水の圧力 p を求める必要があります。水の密度は圧力 p の関数であるので，式 (5.22) の左辺第一項は，

$$\varepsilon_p S_\mathrm{w}\frac{\partial\rho_\mathrm{w,liquid}}{\partial t} = \varepsilon_p S_\mathrm{w}\frac{\partial\rho_\mathrm{w,liquid}}{\partial p}\frac{\partial p}{\partial t} \qquad (5.24)$$

と書き換えることができます。ここで，圧縮率 β (1/Pa) を次式で定義します。

$$\beta = \frac{1}{\rho_\mathrm{w,liquid}}\frac{\partial\rho_\mathrm{w,liquid}}{\partial p} \qquad (5.25)$$

間隙は液相の水 (Liquid)，固相となる氷 (Ice)，土粒子 (Soil particles) のそれぞれが示す圧縮性を組み合わせた圧縮が生じます。それらから算出した β はおおむね 1×10^{-8} (1/Pa) の値を示します。

式 (5.23)〜式 (5.25) を使うと，式 (5.22) は次のような形に変形でき，圧力 p を計算するための式を得ます。

$$\rho_\mathrm{w}S_p\frac{\partial p}{\partial t} + \nabla\cdot\left(\rho_\mathrm{w}u\right) = Q_m \qquad (5.26)$$

ここで，S_p は次式で定義されるものとします。

$$S_p = \beta \varepsilon_p S_w \tag{5.27}$$

(3) 水の相変化

　氷の物性と液水の物性を各々一定と仮定し，温度の関数 $\theta_1(T)$ および $\theta_2(T)$ を使って任意の温度での水の物性を補間によって求めることにすると，水の密度 ρ_w は次式で表されます。

$$\rho_w = \theta_1(T)\,\rho_{w,ice} + \theta_2(T)\,\rho_{w,liquid} \tag{5.28}$$

ただし，$\theta_1(T)$ および $\theta_2(T)$ は補間関数の性質である次の関係式

$$\theta_1(T) + \theta_2(T) = 1 \tag{5.29}$$

を満たすものとします。

　$\theta_2(T)$ の関数形は氷点 T_{cp} で 0.5 を通り，氷点 T_{cp} より低い温度では 0，氷点 T_{cp} よりも高い温度では 1 になるような滑らかな階段関数を設定します。式 (5.29) より $\theta_1(T) = 1 - \theta_2(T)$ なので，$\theta_1(T)$ と $\theta_2(T)$ の関数形は図 5.16 のようになります。

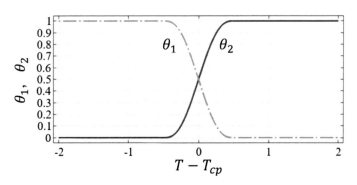

図 5.16　補間関数の関数形（ここで，T_{cp}：氷点 (K)，T：温度 (K) である）

　$\theta_1(T)$ と $\theta_2(T)$ の関数形はある遷移幅（図 5.16 の場合 1 (K)）をもっています。これは数値解析が不連続な関数を扱えないことからこのような遷移層を与えていますが，図 5.15 に示す液相と固相の混在した領域 (Mushy zone) に対応していると考えてもよいでしょう。

次に，関数 $\theta_1(T)$ と $\theta_2(T)$ を使って α_m を定義します。

$$\alpha_m = \frac{1}{2} \cdot \frac{\theta_2(T)\,\rho_{\text{w,liquid}} - \theta_1(T)\,\rho_{\text{w,ice}}}{\theta_1(T)\,\rho_{\text{w,ice}} + \theta_2(T)\,\rho_{\text{w,liquid}}} \tag{5.30}$$

式 (5.30) を見ると，α_m は温度 T に関する増加関数であり，-0.5 から 0.5 の範囲の数値をもちます。このような関数を変数 T で微分するとディラックのデルタ関数（$T - T_{cp} = 0$ となる温度 T で無限大，その他の位置で 0 になる超関数。近傍で積分すると大きさが 1 になる性質をもちます）に近いものを作ることができます。図 5.17 に α_m と $\partial\alpha_m/\partial T$ の関数形を示します。この図から，$\partial\alpha_m/\partial T$ は相変化をする氷点近傍でのみ値をもつことが分かります。

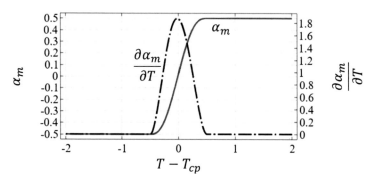

図 5.17　関数 α_m と温度 T に関する $\partial\alpha_m/\partial T$ の微分

しがたってエンタルピー変化法に基づいて，相変化に伴う潜熱 $L_{1\to 2}$ (J/kg) を含む形で熱容量（密度と定圧比熱の積）を表現すると次式となります。

$$\rho_w C_{p,w} = \theta_1(T)\,\rho_{\text{w,ice}}C_{p,\text{ice}} + \theta_2(T)\,\rho_{\text{w,liquid}}C_{\text{p,liquid}} + \rho_w L_{1\to 2}\frac{\partial\alpha_m}{\partial T} \tag{5.31}$$

ここで，図 5.17 から分かるように，式 (5.31) の右辺第 3 項に現れる

$\partial \alpha_m / \partial T$ は相変化を生じる位置（氷点）でのみ機能するデルタ関数の役目を果たし，これにより相変化時に潜熱 $L_{1 \to 2}$ が生じることを表現しています。

次に，熱伝導率は式 (5.28) と同じ考え方に基づいて次の式 (5.32) で与えられます。

$$k_{\mathrm{w}} = \theta_1 (T) k_{\mathrm{w,ice}} + \theta_2 (T) k_{\mathrm{w,liquid}} \tag{5.32}$$

また，水飽和度は次の式 (5.33) で与えられるものとします。

$$S_{\mathrm{w}} = S_{\mathrm{w,res}} + (1 - S_{\mathrm{w,res}}) \theta_2 (T) \tag{5.33}$$

式 (5.33) は，空隙に存在する不動層（氷点下になっても氷にならず水のままであり，しかも移動しない層）の影響を考慮しており，残留飽和度 $S_{\mathrm{w,res}}$ が含まれています。$S_{\mathrm{w,res}}$ は状況によって変化しますが，ここでは 0.05 という値を仮定しています。

(4) エネルギー保存則

繰り返しになりますが，土壌は透水性の多孔質媒体であり，多孔質は土粒子，水，および不動水（氷）から構成されていると考えます。それらの各部でのエネルギーの式を一般的な形で記述すると次のようになります。

$$\left(\rho C_p \right)_{eq} \frac{\partial T}{\partial t} + \rho_{\mathrm{w}} C_{p,w} u \cdot \nabla T + \nabla \cdot q = 0 \tag{5.34}$$

ここで，$\left(\rho C_p \right)_{eq}$：土壌の等価熱容量 $(\mathrm{J/m^3})$ を表し，地下水面下の土壌を構成する土粒子，水，および不動水（氷）について各々の熱容量（密度と定圧比熱の積）を求めた後それらの体積平均によって定められます。なお，式 (5.34) は熱伝導方程式と呼ばれるもので，環境中の熱の伝達やそれに伴う温度変化をシミュレーションする際に用いられる基礎方程式です。

(5) フーリエの法則

土壌の固体部分 (Soil)，水 (Water)，不動水 (Immobile) は各々の熱伝導率をもっており，すべてフーリエの法則に従うものとすると，熱流束ベクトルは次のように記述できます。

$$q = -k_e \nabla T \tag{5.35}$$

$$k_e = \varepsilon_p k_\mathrm{w} + \theta_\mathrm{soil} k_\mathrm{soil} + \theta_\mathrm{immobile} k_\mathrm{immobile} \tag{5.36}$$

また定義から $\theta_\mathrm{immobile} = \varepsilon_p S_\mathrm{w,res}$ となる関係式をもちます。なお、ここでは熱伝導に係る分散の影響を省略しています。

(6) 間隙率

コントロールボリュームを占める可動水の割合を間隙率として次式で定義します。

$$\varepsilon_p = 1 - (\theta_\mathrm{soil} + \theta_\mathrm{immobile}) \tag{5.37}$$

5.4.3 妥当性の検討を支援するためのアプリ

前項に示した人工凍土に係る基礎方程式について、有限要素法によって数値解を求めました。得られる数値計算の挙動が正しいかどうかを検証するための、妥当性の検討 (Verification) を行う必要があります。そのために、ベンチマーク問題と比較することで妥当な解析であることを確かめました。アプリはこうした妥当性の検討を効率よく進める上でも有効であり、試作段階においては下記①〜⑤の項目に留意しました。

① 凍結管の直径を指定できること
② 凍結管温度の時刻歴を任意に指定できること
③ 解析結果（境界に沿う温度と凍結管の中心を結ぶライン上の温度分布の時刻歴）を定型表示すること
④ 上記③を指定のメール宛先に自動送信すること
⑤ 技術者への CAE モデルの教育的説明の実現

試作した人工凍土解析アプリを図5.18に示します。この解析アプリでは、項目②「凍結管温度の時刻歴を任意に指定できること」を実現するために、実務者は外部ファイルに CSV 形式（表データをカンマで区切り表現したテキストファイル）で経過時間と凍結管温度の数値を記述すれば、解析アプリで該当する外部ファイル名を入力することで簡単に凍結管の冷却計画を解析アプリに取り込めるようにしました。

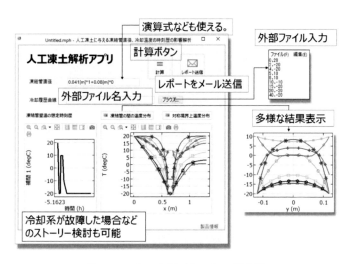

図 5.18　人工凍土解析アプリの試作例

　図 5.19 に計算例 [10] を示します。円形断面をもつ 2 本の冷却管に挟まれた領域を冷却管軸方向に観察した図です。図 5.19 の左端に示した結果は地下水流がない場合の人工凍土形成の計算例です。冷却開始後，上下の冷却管壁から凍結による氷の相が進展し，6.5 時間経過時には上下から発達した氷の相が連結して凍土壁を形成できています。図 5.19 の中央の図は地下水流がある場合の人工凍土形成の様子を示しており，地下水の流れを複数の線で表しています。凍結開始後 3 時間ではまだ地下水がせき止められていませんが，4.5 時間経過時には地下水の流路がかなり狭まっており，6.5 時間経過後には凍土壁が形成され，水流もせき止められています。図 5.19 の右端の図は凍結開始後 4.5 時間までは中央の図と同様の条件で計算しており，凍土も発達し，地下水の流路も相当狭まっています。しかしこの後，冷却管に冷媒を流し込む冷却装置が故障して冷却管の温度が上昇していくとしたストーリー（図 5.18 の解析アプリ画面の左下グラフ参照）で計算したところ，その後の 1.5 時間経過時には凍土が失われてしまうといった結果が得られました。

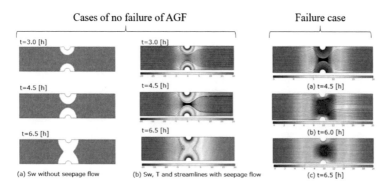

図 5.19　人工凍土壁の形成解析の例（左端：地下水流なし，中央：地下水あ
りで人工凍土の形成実現例，右端：地下水ありで冷却管故障による人工凍土形
成の失敗を模擬）

5.4.4　CAE アプリを実装した対話型プラットフォームの利点

　冷却計画の検討に加えて，上述のように，冷却水の事故が起こった場合
などいろいろなストーリーも検討できます。さらに熟練者の経験やノウハ
ウ等も織り込んでその物理的な意味を検討することもできます。ストー
リーがその現場特有のものであれば，当然，凍結管や凍土形成過程をモニ
ターしている現場でそれらのデータを採取しているので，その結果と解析
アプリの結果を研究開発者にフィードバックすることで，解析アプリに含
まれる物理モデルの改良や設定パラメータの信頼性等の検討にも大きく役
立つことになります。

　ここで示した試作例は，解析アプリが，研究開発者・実務者・熟練者の
ノウハウをうまく連携する非常に有効な共通プラットフォームとして活用
できる大きな可能性を示していると考えられます。

参考文献

[1]　名和高司: 『コンサルを超える問題解決と価値創造の全技法』, ディスカバートゥエンティ―ワン (2018).

[2]　橋口真宜, 米大海, 村松良樹: 食品物理アプリによる次世代の業務変革へ向けて, 『美味技術学会誌』, 第 20 号・第 2 巻, pp.81-90 (2021).

[3]　橋口真宜, 米大海: マルチフィジックス有限要素解析アプリの設計と応用, 『第 27 回計算工学講演会論文集』, Vol.27 (2022).

[4]　平野拓一: 『RF IC 設計ツール』.
http://www.takuichi.net/em_analysis/rf_ic/index.html (2023 年 7 月 28 日参照)

[5]　村松良樹: 『数値解析アプリ』.
http://nodaiweb.university.jp/comsol-app/ (2023 年 7 月 28 日参照)

[6]　COMSOL Multiphysics Application Gallery Examples:　Transport and Adsorption.
https://www.comsol.jp/model/transport-and-adsorption-5 (2023 年 7 月 28 日参照)

[7]　COMSOL Multiphysics Application Gallery Examples:　Optimization of a Catalytic Microreactor.
https://www.comsol.jp/model/optimization-of-a-catalytic-microreactor-4401 (2023 年 7 月 28 日参照)

[8]　Okkels, F. and Bruus, H.: Scaling Behavior of Optimally Structured Catalytic Microfluidic Reactors, *Physical Review E*, Vol.75, 016301 (2007).

[9]　Nash, S. G. and Sofer, A.: *Linear and Nonlinear Programming*, MacGraw-Hill (1995).

[10]　橋口真宜, 米大海: 地下の水熱連成解析の動向とアプリの適用, 『計算工学学会誌』, 第 27 巻・第 2 号 (2022).

第 6 章

GUIでできる
CAEアプリ作成

　これまでに説明してきた CAE アプリは，読者自らが制作することがで
きます。本章では COMSOL Multiphysics を例として，CAE 解析モデ
ル，CAE アプリおよびアプリの実行形式ファイルの具体的な作成手順を
示します。開発者や経営者には見えにくい現場ごとの特性をどのように分
析し，改良を模索し，発展させるのか，さらにその過程をどう共有するの
かという流れを解説します。

　本書で取り上げている水処理問題には多様な対応が求められ，その対応
方法は現場ごとの環境や状況に左右されます。このような複雑な要因の絡
み合う設計手法や問題対応には，CAE アプリの強みが活かされます。決
まった処理に加え，現場の状況を都度織り込み，解析することが可能だか
らです。

　これまでは，「このようなものが欲しい」と要望をあげればそれをプロ
グラマが解釈して制作していました。しかし，いまはユーザー自身が自
分たちで CAE アプリを作ることのできる開発環境と GUI (Graphical
User Interface) が用意されています。さらに作成したアプリをすぐに経
営者や現場の人たちにも配布できる仕組みが用意されています。本書で紹
介した水処理アプリも，宣伝部門や営業部門といった部署へ配布して内容
の理解を促すことができるでしょう。

　なお，本書で扱う COMSOL Multiphysics は COMSOL Desktop
と呼ばれる統合 GUI (Graphical User Interface) を用意しています。
COMSOL Desktop には解析モデルの開発用 GUI であるモデルビル
ダーと，アプリ作成用の GUI であるアプリケーションビルダーがあり
ます。

　本章では，COMSOL Desktop のモデルビルダーを使ったモデル開発
からアプリケーションビルダー利用によるアプリ作成までの一連のプロセ
スを紹介します。モデル開発に関する読者の理解を助けるとともに，アプ
リの利用者からモデルの開発者へのフィードバックの際のコミュニケー
ションの円滑化にもつながることを期待しています。

6.1 モデルビルダーでのモデル開発

　本章では，水処理問題を取り扱う際によく利用する多孔質媒体を題材として取り上げ，微細構造を含む流体解析 [1] を例題として，CAE 解析モデル，CAE アプリおよびアプリの実行形式ファイルの作成手順を説明します。本節では，まず CAE アプリの元となる解析モデルの開発について説明します。

6.1.1 問題設定と条件設定

　図 6.1 に複雑な流路形状で構成される多孔質体を示します。流路形状（図中の灰色部分）は，多孔質媒体の微細構造を写真撮影した画像から流路形状の抽出を行ったものです。多孔質媒体の左右の境界に圧力差を与えたときの水の流れを解析し，流速分布と圧力分布を算出します。

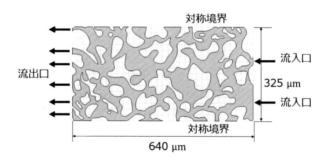

図 6.1　問題設定と条件設定

　水の材料物性には，流体密度 1000 kg/m^3 と粘性係数 0.001 Pa·s を与えます。初期状態は間隙注の流体は静止状態にあり，流速分布は 0 m/s とします。境界条件としては，図 6.1 の右側境界に接する流入口にはゲージ圧（大気圧を差し引いた圧力）0.715 Pa が作用し，流出口はゲージ圧 0 Pa（大気圧開放）とします。流路の上下境界は周期的に無限に広がっているものと仮定し対称境界を与えています。水は図 6.1 の間隙部分（図中の灰色部分）を流れますが，その壁面では摩擦が生じるため水の速度ベク

155

トルはゼロとして，すなわちすべりなし条件を与えます。

6.1.2　2種類の計算方法

　多孔質媒体内部の流れを解析する方法としては，図 6.1 のように複雑な流路形状を解析モデルのジオメトリに抽出し，それに基づいて流路の内部に有限要素メッシュを生成して，流体の基礎方程式を直接的に解く方法が考えられます。これを解析方法 I とします。一方で，複雑な流路形状データから図 6.1 のような解析モデルに利用できるジオメトリを抽出するのは場合によっては難しくなります。またはジオメトリが抽出できても，流路に広い部分や狭い部分，分岐する等が存在すると，対象空間が非常に細かなメッシュ要素で埋め尽くされて非現実的なメモリ量や計算時間を要求される恐れもあります。そこで別の解析方法として，ジオメトリは多孔質媒体領域の外郭のみの矩形形状にし，その中に多孔質体の間隙部分とそれ以外の位置情報を記録した関数を用意することで，その関数を用いて間隙部分か否かに応じてパラメータを与える方法が考えられます。これを解析方法 II とします。

　解析方法 I は一般的な CAE 解析モデルの開発方法です。解析方法 II は多孔質媒体の微細構造を取り扱うのに有効な新しい方法です。結論から申しますと，両手法によって得られる結果はともによい一致を示します。したがって，必ずしも滑らかな流路形状を捉えられなくても，解析手法 II のような工夫を行うことで少ない計算負荷で同レベルの多孔質媒体内流れを解析することができます。

(1) 解析方法 I：多孔質媒体の微細構造をジオメトリに直接用いる方法

　多孔質媒体の顕微鏡画像から，多孔質媒体内部にある微細流路の輪郭形状の CAD データを抽出できる場合，図 6.2 のようにその形状データを COMSOL のジオメトリ機能に読み込んで，微細流路内の自由流体方程式（例えば，クリープ流れ方程式）を基礎方程式として，適切な境界条件と初期条件を設定することで流体計算を実施します。この場合，間隙部分のみが計算対象となり，間隙内を流れる水の動きは壁面摩擦等を考慮して厳密に解くことができます。

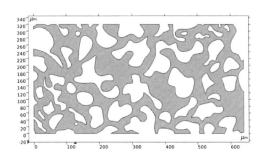

図 6.2　多孔質媒体の微細構造の輪郭形状を反映したジオメトリデータ

(2) 解析方法 II：多孔質媒体の間隙とそれ以外を判別するための画像関数を用いた方法

　図 6.3 に示す多孔質媒体の顕微鏡画像（必要に応じて 2 値化処理する）を画像関数として COMSOL に読み込みます。このとき画像関数の中身は，x 座標と y 座標を引数とする 0 または 1 の値をもちます。ここで，0 は間隙以外の固体部分（図 6.3 中の白色の部分）であり，1 は間隙部分（図 6.3 中の黒色の部分）を意味します。流体計算の基礎方程式として多孔質媒体内流れを近似したブリンクマン方程式を採用すると，このときのパラメータとなる間隙率や固有透過度は画像関数を用いて定義します。例えば，間隙率は間隙部分では 1 となり間隙以外の部分では 0 となるように画像関数で表現し，固有透過度は間隙部分では限りなく高い値に，間隙以外の部分では限りなく低い値になるように画像関数で表現します。この後に適切な境界条件と初期条件を設定し流体計算を実施します。

図 6.3　多孔質媒体の微細構造の画像データ (PNG)

157

6.1.3　解析モデルの開発　－解析方法 I －

　解析方法 I について詳述します。数値解析ソフトを利用して解析モデルを開発する際，まずはモデリング対象とする現実問題を抽象化して，実問題の数理モデルを構築する必要があります。一般的な物理問題の場合，連続体力学の理論で説明できるので，偏微分方程式 (PDE, Partial Differential Equation) の初期値境界値問題として扱います。

　次に数理モデルを解析ソフトに入力します。解析ソフトによって偏微分方程式の解法はさまざまですが，ここでは有限要素法を採用している COMSOL Multiphysics を例にとって説明します。一般的に，図 6.4 に示すフローに従い解析は進みます。解析対象のジオメトリ，材料物性，物理問題の数学モデル（基礎方程式となる偏微分方程式，境界条件，初期条件），離散化のためのメッシュ，偏微分方程式を弱形式に変換し行列方程

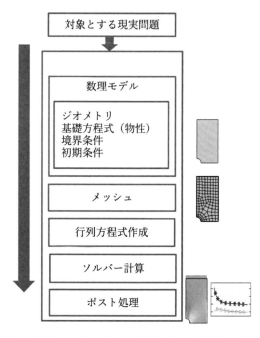

図 6.4　解析モデルの要素およびモデリングの流れ

式を作成，計算実行（行列方程式を解く），結果の処理等の項目を解析ソフト上で行い，一連の作業を収めた解析モデルを開発します。現実問題の特徴を反映できるように仕上げ，得たい結果を抽出できるようにします。場合によって，パラメータ，変数，関数，積分/平均演算子等を定義することや，外部測定，および実験データを解析モデルに導入すること，あるいはデータフィッティングや最適化計算を追加することも可能であり，モデル開発プロセスが円滑になり，容易にモデルの機能拡張ができるのが解析ソフトの大きなメリットと言えるでしょう。

　COMSOL Multiphysics では約 40 種類にも及ぶ物理モジュールと汎用モジュールが提供されています [2]。三次元までの空間モデルを扱い，定常計算，時間依存計算，周波数領域での計算，固有周波数の計算など，さまざまな計算（スタディ）の種類に対応しています。実問題の数理モデルは，計算対象の形状（ジオメトリ）および各部分の解きたい物理（フィジックス）方程式で表現されます。この数理モデルを解析ソフトに実装して解析モデルを構築する際に，まずモデル形状の空間次元とフィジックスの種類，さらに実行したい計算の種類を決める必要があります。

　図 6.5 に示すように，COMSOL Multiphysics を起動して「新規」モデルを作成する際に，「モデルウィザード」を利用できます。この「モデルウィザード」は，解析モデルの空間次元，解きたいフィジックス，実行したいスタディの種類をいくつかの選択肢から選ぶことで簡単に決めることができる，モデル開発環境準備のためのガイドのようなものです。特に解析モデルにおいて非常に重要なフィジックスの設定に関して，モデルウィザードのフィジックス選択を利用することで，選択されたフィジック

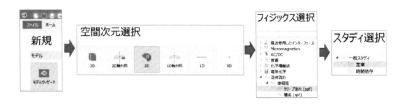

図 6.5　二次元クリープ流れの定常解析モデル開発環境の用意

159

スの基礎方程式および初期条件，デフォルトの境界条件が自動的に開発環境に追加され，ユーザーは必要に応じてカスタマイズを加えるだけで簡単に解析モデルを構築できます。

　解析方法 I の微細流路中の流れ解析モデルを開発する場合，モデルウィザードから 2D モデル，クリープ流れ，定常スタディを選択します。クリープ流れとは，微細流路などスケールが小さく流速が遅い，対流効果を無視できる流れです。これらを選択すると，図 6.6 のような二次元クリープ流れの定常解析モデル開発環境が表示されます。

　図 6.6 に示されるように，モデル開発環境は GUI で構築されており，主にモデルビルダー，設定，グラフィックスのウィンドウに分けられています。モデルビルダーはツリー構造であり，解析モデルにおいて与えるべき設定（例えばジオメトリ，材料，フィジックス，メッシュ，ソルバー，結果）がデフォルトの見出しとして表示されます。各見出しを展開して具体的な設定を行ったり，必要に応じてパラメータ，変数，関数等のモデリ

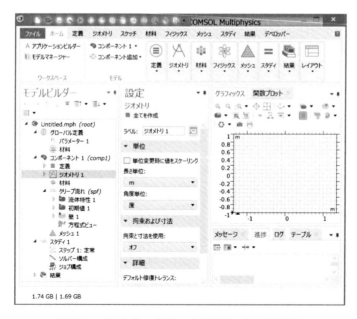

図 6.6　2D クリープ流れの定常解析モデル開発環境

ング上で便利な設定をツリー上に追加したりすることで，解析モデルを徐々に仕上げていきます。

(1) パラメータの設定

　モデルを作成する上で必須項目ではありませんが，寸法，物性，条件等もパラメータとして定義することが可能です。これらをパラメータ化することで，モデルの設計や変更が容易になり，パラメトリックスタディ，パラメータフィッティング，トポロジー最適化等もできるようになります。今回は，図 6.7 のように必要なパラメータを定義します。

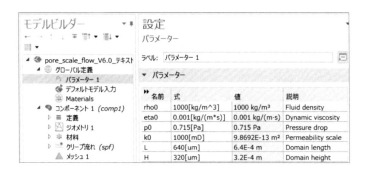

図 6.7　パラメータの定義

(2) 多孔質媒体微細構造の 2D ジオメトリのインポート

　計算対象の物性設定，解きたいフィジックスの領域，および境界条件の設定はすべて形状データに依存します。そのため，モデリングでは何よりもまずジオメトリの作成が必要です。ジオメトリの作成には COMSOL に実装されている形状描画機能を利用する方法と，CAD (Computer Aided Design) 等の他専用ソフトウェアで作成された形状データをインポートする方法があります。今回は外部で作成された二次元複雑流路形状データを COMSOL にインポートすることで，ジオメトリを作成します（図 6.8）。

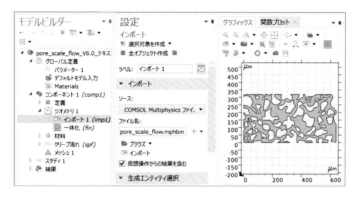

図 6.8　微細構造ジオメトリのインポート

（3）材料物性の設定

　計算上必要な材料物性は，計算したいフィジックスによって決められます。今回は複雑流路内のクリープ流れ問題を解くため，流体の密度と粘性係数が必要です。これらはユーザーが指定することもできますが，COMSOL は代表的な材料の物性値をデータベースとして内蔵しているのでこれらを自動的に引き出すことも可能です。図 6.9 では，水の密度と粘性係数をそれぞれ rho0 と eta0 で定義済みであることが分かります。これらは図 6.7 にある rho0 と eta0 で定義した数値に紐づいています。

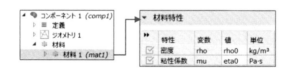

図 6.9　ドメイン材料の物性設定

　なお，COMSOL に内蔵されたデータベースから読み込んだ場合には密度と粘性係数には多くの科学技術論文等から集められた詳細な値が設定されており，単一の数値ではなく，温度依存性等もデフォルトで組み込まれています。物性の値が他の環境因子によって著しい影響を受けるようなガスであったり，ユーザーが計算したい物理現象に精通していなかったり

する場合（例えば，流体流れを専門とするユーザーが固体力学や電気化学等に係る物性を与えたいとき）には，このようなデータベースは特に役立つでしょう。

（4）物理条件の設定

　図6.10は基礎方程式を解くための条件設定をするウィンドウです。デフォルトでは，選択したフィジックスでの基礎方程式（ここではクリープ流れ）において，基礎方程式に与えるパラメータを表す「流体特性1」，境界条件を表す「壁1」，初期条件を表す「初期値1」の3つがあります。デフォルトでは反映できない条件は，フィジックスとなる「クリープ流れ」を右クリックすることで，デフォルトにはない新たな境界条件を追加し設定できます。今回のモデルでは，境界条件として「流入口1」，「流出口1」，「対称性1」を追加しました。流入口は計算対象の右側境界に設定し，圧力をp0に指定します。一方流出口は左側境界に設定し，圧力を0 Paとします。また，上下境界に対称条件を設定します。ここで，p0とは図6.7で定義済みのパラメータとなり，この場合p0 = 0.715 Paと定義されています。このように左右境界に圧力差を設定すると，流体が右側から左

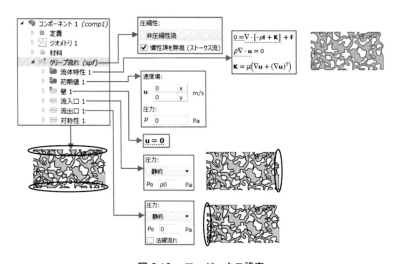

図6.10　フィジックス設定

側へと流れます。流入，流出，および対称条件以外の境界はすべて，流速 $u=0$ ですべりなしとする壁条件に設定します。

(5) メッシュの作成

　上記 (2)〜(4) は現実問題を抽象化した基礎方程式を解析ソフトへ実装する主な手順となります。ここから計算結果を取得するために，与えられた初期条件と境界条件をもとに基礎方程式を解くことになりますが，その数値解法にはいくつか存在し，COMSOL では主に有限要素法 (Finite Element Method; FEM) を採用しています。FEM を用いて数値解を求めるために，まず基礎方程式をコンピュータが扱えるような離散量に変換する必要があるので，計算領域をメッシュで分割します。

　図 6.11 は，図 6.8 で準備した計算空間を三角メッシュで表現した結果を示しています。また計算に与える境界条件も適切に反映できるメッシュを与える必要があり，すべりなしとする壁条件を表現するための境界層メッシュが自動的に与えられるのも COMSOL の特徴のひとつです。

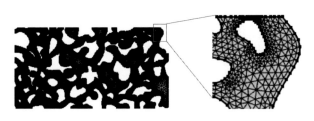

図 6.11　メッシュ作成

(6) スタディの計算

　基礎方程式を与えられた初期条件と境界条件をもとに，メッシュ分割した計算領域で解を求めることを COMSOL ではスタディと呼びます。この問題では，現象の定常状態，つまり現象が発生してから十分な時間が経過した後の安定状態を計算することにします。これらの設定は図 6.5 ですでに定義済みであり，図 6.8 に示すウィンドウのモデルビルダーのツリー構造にある「スタディ 1」に反映されています。ここには FEM によ

る計算上必要となる行列方程式の作成やそれを解くためのソルバーの設定
内容が記録されており，通常は触る必要はありません。ここでの設定は
COMSOL では計算対象の複雑さや計算機の性能に応じて最適条件が自
動的に割り振られるためです。したがって，「スタディ 1」では，多くの
場合ユーザーは何も手を加えないで，デフォルトのままワンクリックで計
算を開始できます。

（7）計算結果の可視化

　基礎方程式を解くことで得られる結果は，基礎方程式の変数となる流速
u と圧力 p です。計算領域をメッシュ分割した格子点上で解が得られる
ため，その空間分布をコンター図として表すことができます。その結果を
図 6.12 に示します。単純に計算結果を出力するのみならず，ユーザーが
任意に指定した箇所や境界上の結果を XY グラフに出力することや，そ
の積分値や平均値の算出，ベクトル量の矢印や流線表示も可能ですので，
ユーザーが関心をもつ箇所における物理量の分布や変化を可視化でき，詳
細な考察を進めることができます。また計算結果に実験で得た測定値を合

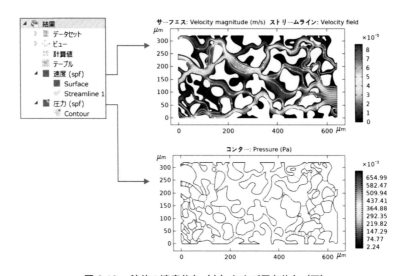

図 6.12　流体の速度分布（上）および圧力分布（下）

わせて表示することもできるので，計算結果の検証にも便利なツールが備わっています。

6.1.4　解析モデルの開発　－解析方法Ⅱ－

次に，解析方法Ⅱの説明をします。多孔質媒体全体を計算領域として扱い，間隙部分にのみ有効な物性値を，画像関数を用いて与える方法です。

（1）モデル開発環境の準備

図 6.5 で紹介した手順に従い，解析モデル開発のための空間次元，フィジックス，スタディを準備します。ここでは，空間次元を 2D，フィジックスを多孔質媒体内流れのブリンクマン方程式，スタディを定常と選択します。この設定の組み合わせで用意した開発作業 GUI が図 6.13 です。

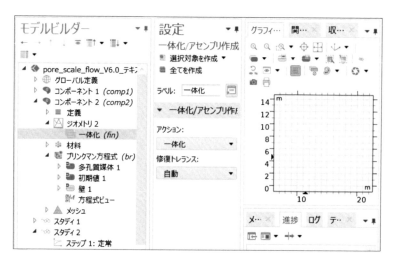

図 6.13　二次元多孔質媒体内流れの定常解析モデル開発作業 GUI

解析方法Ⅰで紹介したモデリングの流れと同じように，数理モデルとして必要なジオメトリ，材料物性，物理条件を設定します。その後有限要素法で解くためのメッシュを作成し，計算を行い，その結果を表示します。

(2) ジオメトリの作成

　解析方法Ⅰでは，微細構造を厳密に表現したジオメトリを用いてモデリングしました。しかし微細構造が複雑になるほどジオメトリの作成が難しくなり，作成できたとしても複雑な構造を表現するためのメッシュが形成できない等の問題にしばしば遭遇します。ここで紹介する解析方法Ⅱとは微細構造をジオメトリ上に描写することはしません。多孔質媒体微細構造の画像データを用いて多孔質体物性の空間分布として表現するという工夫を行うことで，ジオメトリ自体は図6.14の「グラフィックス」に示されるように多孔質媒体構造の大きさと同じ単純な矩形で表現できるので，ジオメトリ作成に要する手間はゼロと言っても過言ではありません。

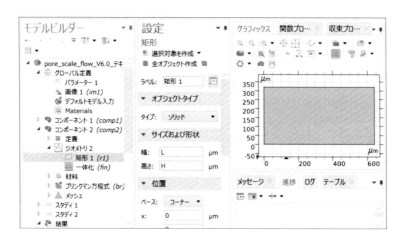

図6.14　ジオメトリ作成

(3) 画像データのインポート

　あらかじめ多孔質媒体微細構造の PNG 画像を用意します。多孔質媒体の間隙内流れを解析する場合，通常解析手法Ⅰのような方法を用いるために間隙の微細構造のみを抽出するという過程が必然でしたが，解析手法Ⅱでは微細構造の抽出を行わなくても電子顕微鏡や X 線 CT 等で得た撮影結果をスクリーンショットで PNG 画像として保存するだけで済む特徴が

あります。ただし得られた PNG 画像から微細構造の固体部分と間隙部分（流路）がはっきり区別できるように，二値化処理を行っておくことが望ましいです。次に，準備した PNG 画像を COMSOL の画像関数としてインポートします。図 6.15 に示されるように，インポートされた PNG 画像は画像関数 im1(x,y) として利用でき，引数となる任意座標に対して 0～1 の間の値を取ります。ここでは，関数値が 1 の部分は固体，関数値 0 の部分は間隙となります。

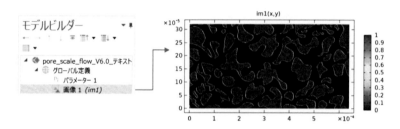

図 6.15　外部画像データを利用して画像関数を定義

（4）画像データによる材料物性の設定

　解析方法 I では，流路のみをジオメトリで表現して基礎方程式にクリープ流れを適用し解析しました。解析方法 II では計算領域は多孔質媒体微細構造の固体と間隙の両方含めた矩形で与えており，その基礎方程式にはブリンクマン方程式を与えます。ブリンクマン方程式とは多孔質体内流れを計算するための方程式であり，パラメータとなるポロシティ（間隙率）や浸透率（固有透過度）は計算領域中の固体部分と間隙部分で別々の値を設定します。しかし，計算領域は固体部分と間隙部分を分けて定義しておらず，単純なひとつの矩形で与えているので個別に値を振ることはできません。そこで，画像関数 im1(x,y) を含めた式を利用して計算領域に与えるポロシティと浸透率を図 6.16 のように表現できます。なお，図 6.16 中のポロシティと浸透率は，本書で間隙率と固有透過度と呼んでいるパラメータと同一のものです。

168

図 6.16　画像関数による材料物性設定

　固体の部分の画像関数 im1(x,y)=1 のため，ポロシティは
1-0.99*im1(x,y)=0.01 となり限りなくゼロに近い値となり，浸透率
は k0/(100*im1(x,y)+0.1)=k0/100.1 と定義することで k0 の約 100 分
の 1 に設定していることになります。一方で空隙部分（流路）の画像関数
は im1(x,y)=0 ですのでポロシティは 1-0.99*im1(x,y)=1 となり，浸透率
は k0/(100*im1(x,y)+0.1)=10*k0 と定義することで k0 よりも 10 倍大
きい数字を設定していることになります。つまり間隙部分の浸透率は固体
部分よりも相対的に 1,000 倍高いので，この設定により流体は間隙部分に
しか流れないことを模擬しています。なお，k0 は図 6.7 のように事前に
パラメータで定義した浸透率スケールの定数です。

(5) 物理条件の設定

　解析方法 II で用いるブリンクマン方程式のフィジックス設定を図 6.17
に示します。なお，図中のポロシティと浸透率は，本書で間隙率と固有透
過度と呼んでいるパラメータと同一のものです。まず計算領域（矩形全
体）に適用する基礎方程式（ブリンクマン方程式）に対して，「非圧縮性
流」および「慣性項を無視（ストークス流）」を与えることで，図 6.10 の
解析方法 I と同じ仮定の下にモデリングします。多孔質媒体の流体および
マトリックスはすべて「材料データ参照」に設定して，図 6.16 で定義し
た材料物性を紐づけます。また境界条件も解析方法 I に揃えて設定しま
す。具体的には，計算領域の上下の境界には「対称性 1」の条件を設定し
ます。右境界には「流入口 1」としてその圧力を p0 に，左境界には「流
出口 1」としてその圧力を 0 に設定します。

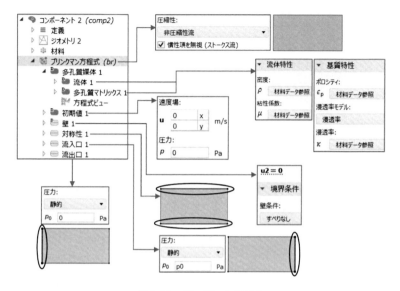

図 6.17　フィジックス設定

（6）メッシュの作成とスタディの実行

　解析方法 II のモデルを計算する際，計算誤差が大きくなりやすい流れの速い流路には細かいメッシュを適用すると，比較的少ない計算時間とメモリでより正確な計算結果を得ることができます。アダプティブメッシュとは計算誤差が大きいと推定される箇所には自動的に細かいメッシュを適用する機能であり，COMSOL にはこの機能が内蔵されています。解析方法 II における矩形ジオメトリにアダプティブメッシュを適用すると，計算領域の流路となる部分には自動的に細かいメッシュが生成されます。

　メッシュを生成したら定常状態を計算します。解析手法 I を「スタディ 1」と定義しましたので，解析手法 II を「スタディ 2」と定義します。アダプティブメッシュは計算中の推定誤差を参照して自動生成するものですので，その設定は「スタディ 2」の中で行います。図 6.18(a) に示すように，定常スタディステップの「アダプテーションと誤差評価」の設定をデフォルトの「なし」から「アダプテーションと誤差評価」に変更します。計算中に生成したアダプティブメッシュを図 6.18(b) に示します。

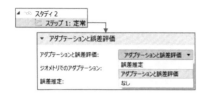
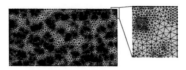

(a) アダプティブメッシュ設定　　　（b) 生成されたアダプティブメッシュ

図 6.18　アダプティブメッシュ

（7）計算結果

　計算後は画像データによって設定された材料物性を確認します。図 6.19 にポロシティ（間隙率）と浸透率（固有透過度）の空間分布を示します。計算領域は単純な矩形のみの構造でしたが，画像関数を用いることで微細構造の流路となる部分の間隙率と固有透過度は大きく，固体となる部分は間隙率と固有透過度が小さいことが分かります。これは解析方法Ⅱ（4）の物性定義と一致しています。また，計算によって求められた流速分布と圧力分布を図 6.20 に示します。図 6.12 の解析方法Ⅰの結果と近い結果が得られていることが分かります。

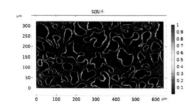
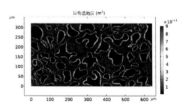

図 6.19　計算に与えた間隙率分布（左）と固有透過度の分布（右）

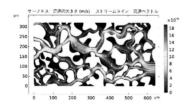
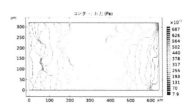

図 6.20　解析手法Ⅱによって求めた流速分布（左）と圧力分布（右）

171

6.2 アプリケーションビルダーによる CAE アプリの開発

　第 3 章〜第 5 章では，CAE アプリの定義から，研究機関や自治体，産業界，および教育へのアプリの運用について詳述してきました。本書で紹介した内容以外にも，著者らを含めて CAE アプリの設計方針と運用場面についてはこれまで広く議論されています [3-9]。本節では，さまざまな運用場面を想定して状況が異なるそれぞれの現場の情報（ここでは写真データ）をアプリに読み込んで，解析モデルに反映するようなアプリの作成方法を紹介します。現場で計測したデータや計算結果などアプリ運用側の情報をアプリ開発側にフィードバックすることで，開発側がさらに解析モデルとアプリ自体をリファインして，計算結果の妥当性や使い勝手を改善することができます。開発側と現場の連携を図式化したものを図 6.21 に示します。本節の CAE アプリの開発において，COMSOL Multiphysics のアプリケーションビルダーを用います。アプリケーションビルダーは簡単にアプリのコンテンツ選択とレイアウト設計ができるだけでなく，プログラミングなどによってアプリの機能拡張までできる強力な CAE アプリ開発ツールです。

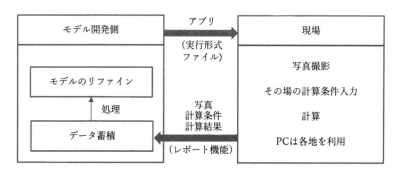

図 6.21　アプリによる業務連携：現場への提供と開発側へのフィードバック

6.2.1 アプリの仕様

　CAE アプリの開発側は，具体的な需要に応じて自由にアプリの画面と機能を設計することができます。これはアプリの運用場面を想定して，現場のあらゆるニーズや使い勝手に合わせて，アプリをカスタマイズできることを意味しています。今回のアプリで実現したいことと関連する機能設計として以下を想定し，説明をします。

アプリで実現したいこと

アプリ開発側と利用側の業務連携を支援する考えから，現場で撮影した写真のインポートや実測に基づいた計算領域，物性，および基礎方程式の設定などの現場から得た情報に基づいた解析機能と，利用側が解析終了した後に開発側にフィードバックする機能が必要になります。その他にもジオメトリやメッシュ，インポートした画像，画像から定義した物性分布の確認，計算から求めた流速分布の確認もアプリに実装していきます。

アプリ画面の機能設計

上記の要求事項に基づいて，アプリでは以下の機能を設計します。

① 現場で取得するデータの入力機能：
　具体的には計算領域の長さと高さ，流入口と流出口の圧力降下，流体の密度と粘性係数，多孔質体の固有透過度の入力と，現場で撮影した画像のインポートです。
② 解析関連情報の可視化機能：
　具体的にはジオメトリとメッシュのプロット，インポートした画像，画像関数により定義した物性分布のプロット，計算結果で表示する流速分布のプロットです。
③ 計算実行と計算後のレポート作成機能
④ レポートを開発側にメールにてフィードバックする機能

6.2.2 アプリの開発プロセス

　図 6.22 のように，解析モデルの開発画面から「アプリケーションビルダー」をクリックして，アプリの開発画面に移ります。アプリ開発画面の「新規フォーム」＞「グローバルフォーム」を利用すると，図 6.23 に示す

ようにテンプレートから簡単にアプリに追加したいコンテンツ（パラメータ，出力プロット，計算ボタンなど）を選択できます。なお，図中のポロシティと浸透率は，本書で間隙率と固有透過度と呼んでいるパラメータと同一のものです。

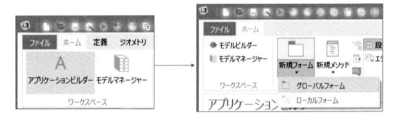

図 6.22　解析モデル開発画面からアプリケーションビルダーへの切り替え

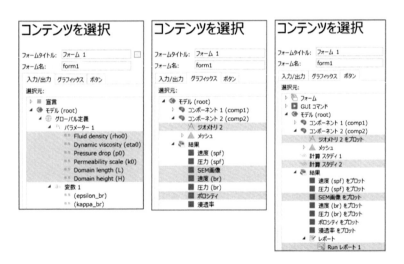

図 6.23　アプリに追加したいコンテンツを選択

　ここでは，計算領域の長さと高さなどのパラメータ，ジオメトリや SEM 画像などのプロット，計算やレポート作成などのボタンを選択した後，アプリコンテンツの編集画面に移ります。アプリコンテンツの編集画面で，マウスによって選択されたコンテンツをドラッグ＆ドロップするこ

とでアプリ設計のレイアウトを調整でき，GUI によってアプリを手軽に
作成できます。図 6.24 に開発中のアプリ設計レイアウトを示します。

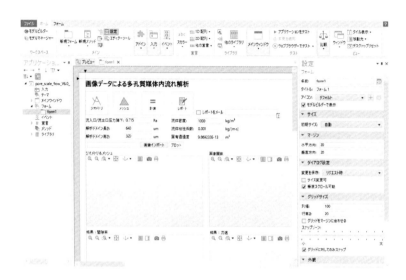

図 6.24　開発中のアプリ設計レイアウト画面

　このアプリコンテンツの編集画面は，ドラッグ＆ドロップによる簡単な
画面設計機能だけではなく，画像を含めた外部データの利用や Java プロ
グラミングによる機能拡張もできます。これらの拡張機能を利用して，現
場で取得した画像のインポートと，解析結果をレポートとしてメール送信
する機能を追加すると，図 6.25 のアプリに仕上がります。
　COMSOL のアプリケーションビルダーにはレポート機能が標準搭載
されており，開発側にフィードバックするレポートの内容を細かく設定で
きます。例えばレポートの表紙，コンテンツの目次，および記述すべき
内容が設定可能であり，この事例におけるレポートのイメージを図 6.26
に示します。利用した画像や入力した計算条件，計算結果等を開発側に
フィードバックすることで，開発側でのアプリのさらなるブラッシュアッ
プや，当該プロジェクトに関わる全員に情報共有できます。

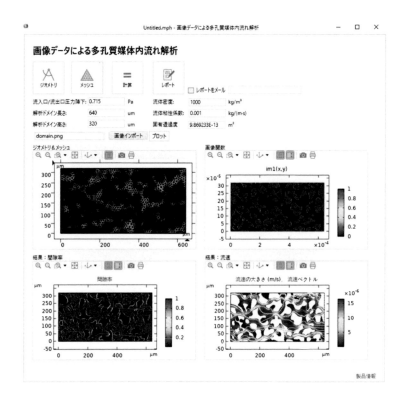

図 6.25　完成アプリの画面

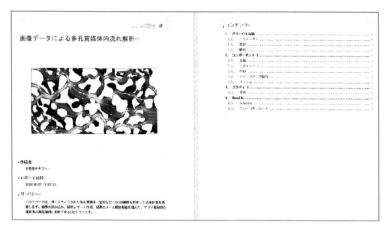

(a) 表紙および目次

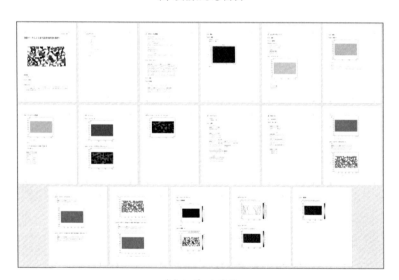

(b) レポート全体

図 6.26 アプリによって生成した解析レポート

6.2.3　実行形式アプリの作成

　3.1 節でも説明していますが，作成したアプリを利用者に配布する方法
は 2 つあります。ひとつは，アプリをサーバーにアップロードして，ユー
ザーがインターネットを通してそのアプリにアクセスし利用する方法で
す。もうひとつは，アプリを実行形式ファイルにコンパイルして，それを
配布する方法です。サーバー経由での利用の場合，サーバーの構築と管理
が必要ですが，アプリへのアクセスや更新などの集中管理ができる点と，
ユーザーは特に計算マシンの用意は不要で Web ブラウザからアプリを利
用できる点に優位性があります。一方実行形式ファイルで配布する場合，
ユーザーはアプリを実行するための計算機の準備とインストールが必要で
すが，サーバーの構築と管理は不要であることに優位性があります。ここ
では，後者による実行形式ファイルでの作成方法を紹介します。

　前項のような開発プロセスを経て CAE アプリを開発した後に，図 6.27
左側のようにアプリケーションビルダー「ホーム」タブにある「コンパイ
ラー」をクリックすると，図 6.27 右側にある，アプリを実行形式ファイル
にコンパイルするための「コンパイラー」の設定画面が出てきます。コン
パイラーの設定欄に示すように，配布先での OS に合わせて実行形式ファ
イルの種類を Windows 版か，Linux 版か，macOS 版かを指定します。
また，アプリを計算実行するために必要となるランタイムも，アプリに内
蔵するか，それともユーザー自身で開発元の Web サイトからダウンロー
ドするかを選択できます。コンパイラー設定欄の「ブラウズ」にて実行形
式ファイルの保存場所を選択後，「アプリケーションをコンパイル」をク
リックすると，実行形式ファイルが生成されます。図 6.28 に COMSOL
Compiler による Windows 版実行形式アプリの作成例を示します。

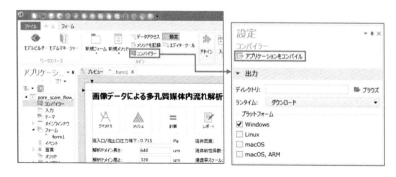

図 6.27 開発したアプリから配布用実行形式ファイルを出力

図 6.28 作成された Windows 版実行形式アプリ

　このように数値解析の専門知識がなくても簡単に使える解析アプリを自由に配布，利用していただくことで，さまざまな現場の効率化や連携，業務プロセスの DX 促進につながることを期待できます。

参考文献

[1] COMSOL Multiphysics Application Gallery Examples: Pore-Scale Flow.
https://www.comsol.jp/model/pore-scale-flow-488（2023 年 7 月 28 日参照）

[2] COMSOL Software Product Suite.
https://www.comsol.jp/products（2023 年 7 月 28 日参照）

[3] 橋口真宜, 米大海: 地下の水熱連成解析の動向とアプリの適用，『計算工学』, 第 27 巻・第 2 号 (2022).

179

[4]　橋口真宜, 米大海: マルチフィジックス有限要素解析アプリの設計と応用, 『第 27 回計算工学講演会論文集』 (2022).

[5]　石森洋行, 磯部友護, 石垣智基, 山田正人: 数値解析機能を実装した対話型プラットフォームによる廃棄物埋め立て地の適正管理のための実用的な将来予測手法, 『第 27 回計算工学講演会論文集』 (2022).

[6]　平野拓一: 電磁界シミュレータのツールで作成した実行形式アプリを援用した高周波電磁界教育, 『第 27 回計算工学講演会論文集』 (2022).

[7]　藤村侑 : 企業内におけるスタンドアロンアプリケーションの活用方法と目指す姿, 『第 27 回計算工学講演会論文集』 (2022).

[8]　村松良樹, 橋口真宜, 米大海, 川上昭太郎: 食品の加熱殺菌用アプリの開発, 『日本食品科学工学会第 69 回大会講演要旨集』 (2022).

[9]　Hashiguchi M. and Mi D. : Education and Business Style Innovation by Apps Created with the COMSOL Multiphysics Software, *The Proceedings of the 2018 COMSOL Conference in Boston* (2018).
https://www.comsol.jp/paper/education-and-business-style-innovation-by-apps-created-with-the-comsol-multiphy-66441 （2023 年 7 月 28 日参照）

あとがき

　本書で紹介した「シミュレーションとデータサイエンスの融合」のような新しい着想は，近年では当然と感じられるまでに普及したオンライン環境と，それを活用するための基盤が次々と開発されていることの恩恵を受けて生まれています。コンピュータのなかった時代は，脳みそをふり絞って神がかった理論や考え方が創出されてきました。しかし現代では，一握りの人間の才能や奇跡に頼らずとも，より多くの人々がアイデアを出し合って共同開発が進められるようになりました。

　大きな転換点となったのは Windows 95 の発売です。当初は数十 MB のメモリしか搭載していなかったとはいえ，個人 PC でもシミュレーションを扱えるようになりました。さらに，遠方との共同開発にも大きく貢献しました。ナローバンド接続ではありましたが，電子メールでの連絡が可能になり，密な意見交換が実現したからです。

　最近の計算機と情報技術の発達は目覚ましいものです。コンピュータ性能の向上に加えて，CAE ソフトウェアの普及が産業界の発展に寄与しています。こうしたツールを用いることで，複数の物理現象を組み合わせた大規模なシミュレーションであっても，プログラミングなしで使用できるようになりました。そのうえブロードバンドや携帯端末の普及に対応し，いまや多くの CAE ソフトウェアにおいて，だれもが Web アプリケーションや配布用アプリケーションとして共通利用できる機能が搭載されています。この機能は，多くの技術者との共同開発や，ユーザーからのフィードバックの面で多大なメリットをもたらしています。

　こうした情報技術の発展は，データ収集の面でも進展をもたらしています。その一例として，本書で取り上げた廃棄物最終処分場における新しい手法での研究が挙げられます。風評被害や誤解の懸念から，現場における実測データや担当者の声は表に出てくることは少なく，収集したデータが活かされていない実態は往々にして存在します。Web アプリケーションによって，データを一元管理し，だれもが直感的かつ俯瞰的な理解が得られるというメリットは，データを所持する者にとって研究協力の動機となります。またデジタル情報に変換するための機器や OCR 技術も大きく発

展しており，紙媒体でただ保管されてきた大量のデータをアプリケーションに蓄積していくことが現実的に可能になりつつあります。

　今後，将来予測等のシミュレーションに活かしやすいデータを効率よく採取するための取り組み進める必要があります。現場でのデータ取得には，紙媒体での記録からデータを掘り起こす他にも，近年になって導入が進んできた GPS，BIM/CIM，i-construction，計測センサーやドローン，衛星等による写真撮影や計測等がありますが，それぞれの手段から得られるデータの内容や書式はメーカー毎に異なっており統一されていません。そのため，エンジニアがシミュレーションに必要なデータを抽出し要求される書式に整形しているのが実情です。シミュレーションに直結できるような書式の共通化を図り，それらの計測技術から得た情報をシミュレーションに連動することができれば，シミュレーションの恩恵がより多くの分野に波及できるでしょう。ユーザーは手間をかけずに現地で得た大量のデータに基づきシミュレーションを行うことができるので，解析の用途が拡大し付加価値の向上が見込まれるからです。

　また昨今では機械学習が話題を集めていますが，今後，自然言語処理が発達し，Chat GPT や Bard 等の技術が当たり前のように普及すれば，既存データ収集や非数値情報でさえも将来予測に活かせる時代が到来するのではと期待しております。

索引

著者紹介

石森 洋行 (いしもり ひろゆき)

国立研究開発法人国立環境研究所資源循環領域　主任研究員
工学博士（環境地盤工学）
2006年立命館大学大学院総合理工学研究機構博士後期課程修了
同年より立命館大学理工学部土木工学科助手，2009年国立環境研究所循環型社会・廃棄物研究センター特別研究員，2013年立命館大学理工学部環境システム工学科講師，2016年国立環境研究所福島支部研究員を経て，2019年4月より現職
専門は環境地盤工学（主に土壌・地下水汚染，廃棄物処理・処分，有効利用）
執筆担当：第1章～第3章

藤村 侑 (ふじむら ゆう)

栗田工業株式会社　研究員
博士（科学技術イノベーション）
2023年神戸大学大学院科学技術イノベーション研究科博士後期課程修了
執筆担当：第4章

橋口 真宜 (はしぐち まさのり)

計測エンジニアリングシステム株式会社主席研究員，技術士（機械部門），東京農業大学客員教授，明治大学先端数理科学インスティテュート客員研究員，JSME計算力学技術者国際上級アナリスト，固体力学1級
執筆担当：第5章

米 大海 (み だはい)

計測エンジニアリングシステム株式会社技術部部長，工学博士
執筆担当：第6章

COMSOL Multiphysicsのご紹介

　COMSOL Multiphysicsは，COMSOL社の開発製品です。電磁気を支配する完全マクスウェル方程式をはじめとして，伝熱・流体・音響・構造力学・化学反応・電気化学・半導体・プラズマといった多くの物理分野での個々の方程式やそれらを連成（マルチフィジックス）させた方程式系の有限要素解析を行い，さらにそれらの最適化（寸法，形状，トポロジー）を行い，軽量化や性能改善策を検討できます。一般的なODE（常微分方程式），PDE（偏微分方程式），代数方程式によるモデリング機能も備えており，物理・生物医学・経済といった各種の数理モデルの構築・数値解の算出にも応用が可能です。上述した専門分野の各モデルとの連成も検討できます。

　また，本製品で開発した物理モデルを誰でも利用できるようにアプリ化する機能も用意されています。別売りのCOMSOL CompilerやCOMSOL Serverと組み合わせることで，例えば営業部に所属する人でも携帯端末などから物理モデルを使ってすぐに客先と調整をできるような環境を構築することができます。

　本製品群は，シミュレーションを組み込んだ次世代の研究開発スタイルを推進するとともに，コロナ禍などに影響されない持続可能な業務環境を提供します。

【お問い合わせ先】
計測エンジニアリングシステム（株）事業開発室
COMSOL Multiphysics 日本総代理店
〒101-0047 東京都千代田区内神田1-9-5 SF内神田ビル
Tel: 03-5282-7040　　Mail: dev@kesco.co.jp
URL：https://kesco.co.jp/service/comsol/

◎本書スタッフ
編集長：石井 沙知
編集：山根 加那子
組版協力：阿瀬 はる美
図表製作協力：菊池 周二
表紙デザイン：tplot.inc 中沢 岳志
技術開発・システム支援：インプレスNextPublishing

●本書の内容についてのお問い合わせ先
近代科学社Digital　メール窓口
kdd-info@kindaikagaku.co.jp
件名に「『本書名』問い合わせ係」と明記してお送りください。
電話やFAX，郵便でのご質問にはお答えできません。返信までには，しばらくお時間をいただく場合があります。なお，本書の範囲を超えるご質問にはお答えしかねますので，あらかじめご了承ください。

マルチフィジックス有限要素解析シリーズ3

CAEアプリが水処理現場を変える
DXで実現する連携強化と技術伝承

2024年4月30日　初版発行Ver.1.0

著　者　石森 洋行,藤村 侑,橋口 真宜,米 大海
発行人　大塚 浩昭
発　行　近代科学社Digital
販　売　株式会社 近代科学社
　　　　〒101-0051
　　　　東京都千代田区神田神保町1丁目105番地
　　　　https://www.kindaikagaku.co.jp

印刷・製本　京葉流通倉庫株式会社
Printed in Japan

ISBN978-4-7649-0692-1

近代科学社 Digital は、株式会社近代科学社が推進する21世紀型の理工系出版レーベルです。デジタルパワーを積極活用することで、オンデマンド型のスピーディでサステナブルな出版モデルを提案します。

近代科学社 Digital は株式会社インプレス R&D が開発したデジタルファースト出版プラットフォーム "NextPublishing" との協業で実現しています。

あなたの研究成果、近代科学社で出版しませんか？

▶ 自分の研究を多くの人に知ってもらいたい！
▶ 講義資料を教科書にして使いたい！
▶ 原稿はあるけど相談できる出版社がない！

そんな要望をお抱えの方々のために
近代科学社 Digital が出版のお手伝いをします！

近代科学社 Digital とは？

ご応募いただいた企画について著者と出版社が協業し、プリントオンデマンド印刷と電子書籍のフォーマットを最大限活用することで出版を実現させていく、次世代の専門書出版スタイルです。

近代科学社 Digital の役割

- **執筆支援** 編集者による原稿内容のチェック、様々なアドバイス
- **制作製造** POD 書籍の印刷・製本、電子書籍データの制作
- **流通販売** ISBN 付番、書店への流通、電子書籍ストアへの配信
- **宣伝販促** 近代科学社ウェブサイトに掲載、読者からの問い合わせ一次窓口

近代科学社 Digital の既刊書籍 （下記以外の書籍情報は URL より御覧ください）

詳解 マテリアルズインフォマティクス
著者：船津公人 / 井上貴央 / 西川大貴
印刷版・電子版価格(税抜)：3200円
発行：2021/8/13

超伝導技術の最前線[応用編]
著者：公益社団法人 応用物理学会
超伝導分科会
印刷版・電子版価格(税抜)：4500円
発行：2021/2/17

AIプロデューサー
著者：山口 高平
印刷版・電子版価格(税抜)：2000円
発行：2022/7/15

詳細・お申込は近代科学社 Digital ウェブサイトへ！
URL: https://www.kindaikagaku.co.jp/kdd/